XINXI CAILIAO GAILUN

信息材料概论

林 健 编著

化学工业出版社

·北京·

本书介绍了信息材料领域的理论、技术、应用及发展历程，涵盖微电子技术及光电子技术基础、激光、信息传感、存储、传输、显示、处理技术及其材料等方面内容。力求以通俗易懂的方法全面阐述信息科技及其信息材料领域的基本理论与相关技术、材料应用与最新发展，从而使读者较为全面地了解该领域的相关知识。

本书适应人们对信息材料领域的知识需求，能满足材料类专业本科生、专科生及研究生的信息材料方面的教学要求，也可作为其他专业学生的教学用书以及工程技术及管理人员的参考用书。

图书在版编目（CIP）数据

信息材料概论/林健编著. —北京：化学工业出版社，
2007.7（2023.8 重印）
ISBN 978-7-122-00612-7

Ⅰ. 信… Ⅱ. 林… Ⅲ. 电子材料-概论 Ⅳ. TN04

中国版本图书馆 CIP 数据核字（2007）第 084795 号

责任编辑：杨　菁　　　　　　　　　文字编辑：颜克俭
责任校对：陶燕华　　　　　　　　　装帧设计：张　辉

出版发行：化学工业出版社（北京市东城区青年湖南街 13 号　邮政编码 100011）
印　　装：北京科印技术咨询服务有限公司数码印刷分部
787mm×1092mm　1/16　印张 9¾　字数 232 千字　2023 年 8 月北京第 1 版第 5 次印刷

购书咨询：010-64518888　　　　　　售后服务：010-64518899
网　　址：http://www.cip.com.cn
凡购买本书，如有缺损质量问题，本社销售中心负责调换。

定　　价：35.00 元　　　　　　　　　　　　　　　　　版权所有　违者必究

前　言

　　信息技术是近几十年来发展最为迅猛的一类技术。随着人类社会步入信息时代，以微电子技术和光电子技术为代表的信息产业已成为当今世界的一个主导产业。随着科学技术的不断发展，展现在人们面前的是一个信息爆炸的时代，人们对信息交流需求的激增，推动了信息技术的飞速发展。各种信息器件层出不穷，极大地丰富了这个时代的物质生活与精神生活。而诸如电子计算机、电视机、摄影摄像设备、光纤通信设备等信息器件的不断推出和更新换代，都是与各种性能优良的信息材料的推出密切相关，信息材料已成为信息技术的基础和先导。

　　信息材料是在微电子技术、光电子技术、半导体技术以及功能材料学的基础上发展起来的一类新型材料，主要用于信息获取、存储、处理、传递和显示等设备的制造。对于快速、大容量、多媒体化信息交流的追求，迫切需要各种性能优良的信息材料，用来制造各类新型信息器件。而这些信息器件不断推陈出新，也大大刺激了信息材料领域的研究与开发，信息材料已经成为不断发展壮大的庞大家族。

　　本书作为材料类专业的本科生、专科生及研究生教材，也可作为其他专业学生的信息材料方面的普及型教材。作者从半导体学、微电子学、光电子学等基础科学出发，力图通俗易懂、深入简出地介绍信息材料领域的基本理论、种类、应用和发展，培养学生掌握信息材料领域基本知识。全书包括信息材料导论、微电子材料基础、光电子材料基础、信息传感材料、信息存储材料、信息传输材料、信息显示材料及信息处理材料等章节，使读者对信息材料在信息技术领域的应用和发展有一个全方位的了解。

　　信息材料领域涉及的知识面非常广，作者力图以由浅入深的方法介绍各类信息材料的原理、功能和应用，但由于作者水平所限和时间仓促，难免存在一些不当之处，敬请读者批评指正。

作者
2007 年 2 月

目　录

第 1 章 导论

科学技术的发展是人类社会进步的一个重要推动力。人类社会的每一次科学技术革命都对社会发展和变革起着巨大的作用。托夫勒（A. Toffler）把人类社会历史概括为三次浪潮，第一次浪潮为农业革命，第二次浪潮为工业革命。而随着人类科技水平的迅猛发展，随之而来的则是第三次浪潮。在这次浪潮中，以电子信息产业为代表的高科技产业异军突起，在整个国民经济领域中越来越占据重要的地位，人类社会正在踏入信息社会时代。

所谓信息社会，就是信息成为比物资和能源更为重要的资源，以开发和利用信息资源为目的的信息经济活动迅速扩大，逐渐取代工业生产活动而成为国民经济活动的主要内容。信息经济在国民经济中占据主导地位，并构成社会信息化的物质基础。以计算机、微电子、光电子和通信技术为主的信息技术革命是社会信息化的动力源泉。信息技术正在从根本上改变人们的生活方式、行为方式和价值观念。

在现实社会中，信息产业已逐渐成为世界强国的重要支柱产业之一，人类越来越依赖于各种信息网络和信息产品工作、学习和生活。运用现代信息技术对各种信息的收集、存储、处理、传递和显示，使得人类能以前所未有的速度、深度和广度去认识自然、改造社会和创新历史。信息技术领域的每一次进步和革命都成为促进各国经济、文化和军事发展的重要推动力，而这些进步和革命又与相关材料领域的创新和发展不可分割。

材料是构成整个物质社会的基础，人类在认识、使用和制造材料领域的每一次进步都成为促进社会生产力发展的重要推动力。随着现代科学技术的快速发展，人类在材料领域的创新越来越快，各种各样的新材料大量涌现。这些新材料的研究、生产和应用正成为各国科技和工业发展水平的重要标志。

材料的分类方法有多种。如按材料的性质来分，可分为金属材料、无机非金属材料、有机高分子材料和复合材料等；而按材料的应用来分，又可分为建筑材料、生物材料、信息材料等。所谓的信息材料是指用于信息的获取、存储、处理、传递和显示的微电子材料和光电子材料。以微电子材料和光电子材料为代表的信息材料是信息技术的基础和先导，信息材料领域的每一次创新都会推动信息技术和产业向前发展。

1.1　信息材料的发展历史

信息材料包括微电子信息材料和光电子信息材料两大类，回顾它们的发展历程，就能清楚看出微电子信息技术和光电子信息技术的发展历程。

微电子技术作为信息技术的基石，发展至今已有五十余年的历史。所谓的微电子技术就是指在几平方毫米的半导体单晶芯片上，用微米和亚微米精细加工技术制成由一万个以上晶体管构成的微缩单元电子电路和由之而成的各种微电子设备。微电子技术的突飞猛进推动了整个世界的重大变化。

微电子技术是在传统的电子技术的基础上发展起来的。1906 年弗列斯特（D. Forest）成功研制出了世界上第一个电子三极管，这种真空玻璃管式电子器件的出现推动了无线电、雷达、导航、广播、电视、电子计算机等各种电子技术和设备的发展，开辟了人类历史的一个新纪元。但是电子管技术存在着许多缺陷：体积大、能耗高、成本高、速度慢，与电子技术发展的需求相差甚大。随着半导体材料、尤其是半导体硅材料的研究进展，给电子技术的发展提供了新的机遇。1947 年巴丁（J. Bardeen）和沃尔特布拉顿（W. H. Brattain）研制出世界上第一个点接触型晶体三极管；1949 年肖克利（W. B. Shockley）提出了 P-N 结理论，并研制出实用化的结型晶体三极管，由此推动了晶体管技术的工业化生产；1952 年达默（G. W. Dummer）首先提出制造单块半导体集成电路的思想；1958 年，美国得克萨斯仪器公司的基比尔（J. S. Kilby）和仙童半导体公司的诺伊斯（R. Noyce）几乎同时发明了第一块锗集成电路和硅集成电路。集成电路的出现为微电子技术的发展打下了基础，进而大大推动了现代高新技术的飞速发展。

集成电路一经面世，就得到了飞速的发展。1962 年制成了只有 12 个元件的集成块，至 1965 年已能制造芯片集成度在 100 个以下的晶体管单元，称为小规模集成电路（SSI），同年底又出现了集成度在 100～1000 个单元的中规模集成电路（MSI）。1967 年至 1973 年，集成度达到了 1000～10 万个单元的大规模集成电路（LSI）。到了 1978 年，在一块 30mm^2 的芯片上已经发展到集成度为 10 万～100 万个单元的超大规模集成电路（VLSI）。至 1986 年和 1995 年，又先后发展到了集成度 1000 万～10 亿个结构单元的甚大规模集成电路（ULSI）和 10 亿～1000 亿个结构单元的巨大规模集成电路（GLSI）。

集成电路技术的飞速发展，得益于微电子材料研究的大力支持。20 世纪 50～60 年代，随着集成电路平面工艺的出现，导致硅材料和锗材料在半导体技术中的地位发生逆转。硅材料的禁带宽度比锗高，其工作温度较高，适于功率器件的制作；硅在高温下能氧化成 SiO_2 薄膜，而 SiO_2 薄膜兼有杂质扩散掩膜、绝缘膜和保护膜三重功能，很适合集成电路平面工艺；硅的受主和施主的扩散系数几乎相同，可为集成电路的工艺制作提供更大的自由度。晶体管的性能很大程度上受 Si/SiO_2 界面的缺陷和 SiO_2 膜中移动电荷的影响，但 Si（100）/SiO_2 界面只有十万分之一的原子键形成缺陷，用人工方法很难获得比此更优质的界面。硅材料的这些优点促成了硅集成电路平面工艺的迅猛发展，并成为集成电路技术的最重要的基础材料。

早期的集成电路都是双极型的，1962 年后出现了由金属-氧化物-半导体（MOS）场效应晶体管组成的 MOS 集成电路。MOS 集成电路具有功耗低、适合于大规模集成等优点，在整个集成电路领域中占的份额越来越大。在早期的 MOS 技术中，铝栅 P 沟 MOS 晶体管是最主要的技术。20 世纪 60 年代后期，多晶硅取代铝而成为 MOS 晶体管的栅材料。20 世纪 70 年代中期，利用 LOCOS 隔离的 NMOS（N 沟道 MOS 晶体管）集成电路开始商品化。20 世纪 80 年代以后，CMOS（互补金属氧化物-氧化物-半导体）技术迅速成为超大规模集成电路（VLSI）的主流技术。由于 CMOS 具有功耗低、可靠性高、集成度高等特点，已成为集成电路领域的主流。

随着集成电路规模的不断提高，对硅片的直径要求越来越大，而线宽则越来越小。硅片的制造技术从 20 世纪 80～90 年代的 6in（线宽 1～0.5μm）、8in（0.5～0.18μm），到 2001 年开始生产 12in（0.13μm）。预计 2008 年将可以生产直径为 18in、线宽为 0.07～0.05μm 的下一代硅片。在硅片生产工艺水平不断提高的同时，在硅材料的基础上发展起来的 SOI（绝缘层上的硅）材料具有寄生电容小、功耗低、集成度和电路速度高、抗辐照和耐高温性好等特点，有可能突破硅基集成电路芯片的特征尺寸极限，从而最有可能成为取代传统硅片的集成电路用材料。

光电子技术则是在 20 世纪 50 年代发展起来的，最早得到实际应用的是光电探测器。20 世纪 50 年代中期，可见光波段的 CdS、CdSe 光敏电阻和短波红外 PbS 光电探测器投入实际应用，几年后美军将光电探测器应用于响尾蛇空-空导弹，取得了明显的作战效果。1960 年，梅曼（T. H. Maiman）制成了世界上第一台红宝石激光器，并获得了 694.3nm 的激光，引起了科学界的轰动。在短短几年里，利用各种材料制成的激光器，如氦氖激光器、半导体激光器、钕玻璃激光器、二氧化碳激光器、YAG 激光器、染料激光器等纷纷涌现。激光的发明把电子学推到了光谱频段，并开创了光电子材料和技术迅猛发展的时代。与电子技术相比，光电子技术具有波长短、相干性好、分辨率高、存储和通信容量大等特点，因而在信息技术领域迅速得到广泛应用。

1961 年，世界上第一台激光测距仪发明并迅速应用于军事领域，其后各种激光制导武器、致盲武器和激光毁灭性武器相继问世。同时，激光还成为光通信、光存储、光显示和光电子集成电路的光源和信息载体，推动了各种信息技术的诞生和蓬勃发展。

20 世纪 70 年代，光电子领域的标志性成果是低损耗光纤材料、CCD 技术出现和半导体激光器的成熟。这些重要进展导致以光纤通信、光纤传感、光盘信息存储与显示以及光信息处理为代表的光信息技术迅猛发展。到 70 年代后期，日本、美国、英国等国相继开始建设光纤通信骨干网。1972 年，菲利普公司演示了模拟式激光视盘，美军则在越南战场上开始使用激光制导炸弹。

20 世纪 80 年代，随着超晶格量子阱材料、非线性光学材料和新型光纤材料的研究进展，使得各种高性能新型激光器、光学双稳态功能器件、光纤传感器和光纤放大器等光信息器件相继问世。到了 20 世纪 90 年代，光电子技术在通信领域取得了极大成功，形成了光纤通信产业，各国的通信骨干网纷纷实现了光纤化，并向城域网、区域网发展。各种光电子器件的研制取得了实质性的进展。半导体激光器实现了产业化，各种光无源器件得到了长足的发展，光盘存储技术、CD、VCD、DVD 已深入到千家万户，一些新型光显示器件如液晶显示（LCD）、等离子显示（PDP）也开始走入寻常百姓家，整个信息产业进入了高速发展时期。

到了 21 世纪，人类社会正快速步入信息化社会，信息与信息交换量的爆炸性增长对信息的采集、传输、处理、存储与显示等均提出了严峻的挑战，国民经济与社会的发展、国防实力的增强等都更加依赖于使用信息的广度、深度和速度。因此，研究和发展各种高性能信息材料和信息器件，成为世界各国科技界的重要使命。

1.2　信息材料的分类

信息材料主要用于信息的获取、存储、处理、传递和显示等。随着信息产业的迅猛发展，各种信息材料相继涌现，并逐渐形成了门类众多的材料体系，以满足各类信息器件制造的需求。按照材料的用途，信息材料又可分为信息处理材料、信息传递材料、信息存储材料、信息显示材料、信息获取材料，以及制造和使用这些材料所需的信息基础材料等。

信息技术包括微电子信息技术和光电子信息技术两大类。在微电子信息技术中，集成电路技术的不断发展推动着整个微电子产业不断取得惊人的成就。这些成就的取得是与微电子信息材料的不断发展不可分割的。Si、GaAs、InP 等半导体材料的研究进展不断为微电子器件提供优质的衬底，而集成电路厚膜电子浆料、引线框架及引线材料、栅结构材料、钝化层材料和封装材料等微电子芯片材料的创新也保证了集成电路质量和集成度的不断突破。

激光是光通信、光存储和光显示等光电子信息器件的光源和信息载体，因此新型激光材料和激光器的开发一直是信息产业领域的一项重要任务。小型半导体激光器能够满足各种光电子技术的应用需求，正成为光电子技术中的主导产品之一，而半导体材料的研究则是开发新型半导体激光器件的先导和基础。同时，随着各种光电子信息器件的大量涌现，光学系统的集成化、小型化也成为一个重要的发展方向。随着光电子技术、光电子材料和制造技术的不断发展，已可以在单一结构或单片衬底上集成光学、光电和电子元器件，形成具有单一功能或多功能的光电子集成回路（OEIC）和集成光路（IOC），部分集成光学器件和光电子集成器件已实现了商品化。

以大规模集成电路为基础，以中央处理器（CPU）为核心的电子计算机技术是信息处理的主要技术。随着电子计算机处理信息的速度和容量要求越来越高，对计算机芯片的集成度要求也越来越高。以硅材料为核心的光信息处理材料在信息处理技术中占据着绝对统治地位，随着制造技术的不断提高，单晶硅片的尺寸增大和质量提高已使电子器件的尺寸缩小为原来的百万分之一。光刻线宽的不断缩小，使得 CPU 的处理速度不断提高。但随着光刻线宽缩小到 $0.1\mu m$ 以下，将会随之出现一系列理论和技术上的问题，如强场效应、绝缘氧化物量子隧穿、构道掺杂原子统计涨落、互联时间常数与功耗和光刻技术等限制，即受到硅微电子技术的"极限"挑战。为了突破这种极限，新型光信息处理材料的开发就成为必然的选择。近年来出现的绝缘层上硅材料（SOI）具有高开关速度、高密度、抗辐射、无闭锁效应等许多优越性。与体硅材料相比，SOI 技术可使芯片的功能提高 35%。由于光速是电子传播速度的 500 倍以上，基于全光信息处理技术的光子计算机也为大幅度提高信息处理速度带来了新的希望，而研究、开发高效、低功耗光子器件及其材料就成为光子计算机开发的关键。

信息传递技术自 20 世纪 80 年代以来得到了飞快的发展。移动电话、卫星通信、无线通信和光纤通信等形成了一个立体的通信网络。光纤通信网络的建成使人类的信息交流产生了一个划时代的变化。低损耗的熔石英光纤和长寿命半导体激光器的研制成功，奠定了光信息网络的基础。随着光纤通信材料及其制备技术的不断发展，单根通信光纤的信息传递容量不断增大、损耗明显降低，光纤材料的种类不断增多，使得通信光纤的应用领域不断扩展。而微波通信材料、移动通信材料的不断开发，促进了信息传递技术的全面发展，进而在全球建成了完整的立体通信网络。

随着人类社会和科学技术的不断进步，信息量呈爆炸性的增长，信息的记录、存储就成为人类信息交流和知识传递的一个重要环节。随着信息记录需求的不断提升，信息存储材料及其存储技术也不断发展。磁存储是最早投入实际应用的技术，利用磁存储材料制成的磁带、磁盘早已得到普遍的应用。随着磁介质材料的不断改进，介质的存储密度得到了飞快的提升，差不多每 5 年增加 10 倍。为了应付爆炸性增长的信息储存量的需求，光信息存储技术在 20 世纪 80 年代以后得到了迅猛发展。从早期的激光全息存储技术，到数字式光盘（CD、DVD），光存储介质的信息记录容量呈指数级增加。同时随着光信息存储材料的不断开发，各种信息存储技术不断涌现，只读存储技术（ROM）、一次写入存储（WORM）、可擦重写存储（E-DRAW）、直接重写存储（overwrite）先后投入使用。与此同时，以半导体材料为基础的动态随机存储器（DRAM）、只读存储器（ROM）、快闪存储器（flash memory）等也在计算机产业中得到了广泛的应用。

信息显示技术是最贴近大众的信息技术之一。20 世纪初，阴极射线管（CRT）诞生以来，一直作为活动图像的主要显示手段。电视传播媒体的发展和普及，促使 CRT 技术的不断发展，具有大尺寸、平面显示和优质画面的 CRT 电视机深入每个家庭；而小体积、低能耗的平板显示技术也得到了广泛的应用。新型信息显示材料的开发，导致液晶显示技术（LCD）、等离子显示技术（PDP）、场致发射显示技术（FED）、发光二极管显示技术（LED）以及电致发光显示技术（EL）等平板显示技术纷纷走向前台，与阴极射线管（CRT）技术一起形成百花争艳的局面。而信息显示材料的不断发展，则是信息显示技术得以发展的基础和保证。

信息传感材料是指用于信息探测、传感的一类对外界信息敏感的材料。在外界信息如力学、热学、光学、磁学、电学、化学以及生物信息的影响下，这类材料的物理、化学性质会发生相应变化，从而达到信息探测、传感的目的。利用这些材料所制成的信息探测器和传感器，就可以方便地探测、接收和了解外界信息及其变化，掌握生活、生产、研究和交流的基本素材。信息传感材料主要包括力敏传感材料、热敏传感材料、光学传感材料、CCD 芯片材料、磁敏传感材料、气敏传感材料、湿敏传感材料、压敏传感材料、光纤传感材料和生物传感材料等。

信息处理材料主要是指用于电信号霍光信号进行检波、倍频、混频、限幅、开关、放大等信号处理的器件的一类信息材料。主要有微电子信息处理材料、光电子信息处理材料两类。微电子信息处理材料包括分别用于模拟信号处理和数字信号处理的集成电路材料，如制作各种晶体管（双极型晶体管和 CMOS 晶体管等）、二极管、电阻、电容等所需的 Si、GaAs、InP 等一些半导体材料；光电子信息处理材料则包括用于光的调制和转换以及制作集成光路和光集成回路等材料。

1.3 信息材料的应用与发展

近几十年来，信息技术及其材料得到了巨大的发展。各种各样的信息装备已深入到社会的每一个角落，影响并改变着人类的生活。信息技术的发展水平从很大程度上左右着国家的综合实力和人民生活水平，信息产业已成为许多国家的支柱产业。

电子计算机的应用和普及、以 Internet 技术为代表的全球信息网络的建立刺激着信息产业的飞速发展。许多先进的信息设备从军用发展到民用，进而成为社会大众不可缺少的一类生活必需品。电脑、彩电、音响、录音及录像机、数字光盘机、光盘、磁盘等各种信息设备已经成为许多家庭的一员。如庞大的广播、电视传媒网络就是利用各种信息探测材料、信息传递材料和信息显示材料构建起来的。从早期的显像管技术，到现在的数码摄像技术，应用电荷耦合器件（CCD）制造的数码摄像机和数码照相机把精彩纷呈的世界记录下来。而运用阴极射线管（CRT）、液晶显示（LCD）、等离子显示（PDP）等技术的电视机则把世界展现在大众面前。同时，大量的新型信息显示技术也在军事领域得到广泛应用，如用于战机座舱、单兵头盔显示系统的薄膜晶体管型液晶显示器（TFT-LCD），用于军用飞机、主战坦克中信息显示的场致发射显示器 PDP、薄膜电致发光显示器（TFELD）等。此外，各种半导体红外器件、电荷耦合器件（CCD）、半导体激光器件等均在尖端军事领域得到应用，如用于夜视侦察的红外热像仪，预警卫星多元双波段红外探测器，灵巧炸弹用微型 CCD 寻的摄像机，军用激光定位、测距、瞄准装置，大功率激光武器等。

随着人类社会大踏步跨入信息社会，以微电子技术和光电子技术为代表的信息材料产业得到了迅猛的发展，并已经成为世界经济增长的主要动力。1994 年，信息产业在美国产业结构中所占比例已达 71％。目前，一些发达国家的 65％的 GNP 增长部分与信息材料技术有关。2002 年，全球的信息产业总规模已达 1.8 万亿美元，预计至 2020 年将达 20 万亿美元的规模。2006 年，全球的半导体市场收入已达 2500 亿美元，比上一年增长 7.4％。光电子产业在 2003 年的总产值为 2400 亿美元，至 2010 年将达到 4500 亿美元。到 2015 年前光电子信息技术产业将全面超过传统电子产业，从而成为全球规模最大的产业。我国的信息材料产业经历三十余年的发展，已经形成相当的规模研究、开发和生产能力，其中在半导体材料等一些领域的科研已达到世界先进水平。2002 年，我国的电子信息产业总规模为 1.4 万亿元人民币，位列美国、日本之后。2006 年，中国信息产业创造产值已达 4 万亿元人民币，其产业规模仅次于美国，居全球第 2 位。

随着微电子材料和光电子材料的迅猛发展，一类新型的信息材料——光子材料也正在崛起。所谓光子材料就是指利用光子与光相互作用来实现信息的产生、传输、存储、显示、探测或处理的一类材料。与电子相比，光子作为信息载体不仅响应速度快，而且信息容量大。电子通信载频最高只有 10^{11} Hz，而光的载频则达 10^{13} Hz，提高了三个数量级。因此美国把电子和光子材料、微电子学和光电子学列为国家关键技术，认为"光子学在国家安全与经济竞争方面有着深远的意义和潜力"，"通信及计算机研究与发展的未来属于光子学领域"。目前，一批优质的光子材料，如通信光纤、非线性光学材料等已经先后应用于光通信领域，光子材料已经开始显示巨大的优势。

在通信技术领域，已经形成以通信光纤为主宰的全球信息网络。全光通信技术的提出，使得在光交换、传输、放大等各个环节均实现全光路控制，有希望飞跃性提高下一代信息网络的传输速度及容量。与此同时，各种光子存储、计算等材料及器件也在不断研发之中。日本利用蓝光激光及全息存储技术已经在单张 120mm 光盘上实现高达 200GB 容量的信息存储，美国研制的医学图像处理用的模拟光计算机，每秒能处理 1TB 容量的数据。

光子晶体是 1991 年发现的新型光学材料，它是一种介质或金属材料在空间呈周期性排列并能自由控制光的人造晶体。光子晶体内部的光学折射率呈周期性分布，由材料的折射率反差形成光子带隙。由于光子的波长与其能量成反比，这种具有周期性排列结构的电介质或金属将阻挡波长处于光子带隙内的光，而允许其他波长的光自由通过。可以通过掺杂来控制光子晶体能带的位置、宽度及带隙中掺杂模式的形成。光子晶体是以类似于半导体的方法来处理光子，光的能量若与其能带相容则呈导通性，若不相容则呈绝缘性。光子晶体之所以能引起人们的极大关注，主要在于其具有超透镜效应、超棱镜效应、复折射、绝缘性、弯曲性等特性。利用这些特性，在新型激光器、光开关、光放大、滤波、偏振等光信息器件开发中拥有广泛的应用前景。

可以认为：随着信息技术的不断发展，微电子材料已成为最重要的信息材料，光电子材料是发展最快的材料，而光子材料将是最有前途的一类信息材料。

第2章 微电子材料基础

20世纪中叶以来，以集成电路技术为代表的微电子技术及其材料得到了迅猛的发展。所谓集成电路（integrated circuit，简称 IC）技术即是将若干个二极管、晶体管等有源器件和电阻、电容等无源器件按一定的电路互联要求集成在一块芯片上，并制作在一个封装中。随着集成电路规模的增大，集成在一块芯片上的功能越来越强。到20世纪80年代，集成电路技术进入到超大规模集成电路（VLSI）时代，器件的研制和生产需要涉及元器件、线路甚至整机和系统的设计问题，从而突破了整机、线路与元器件之间的界限，因而在"半导体物理与器件"的基础上形成了一门涉及固体物理、器件和电子学等领域的新学科——微电子学。

微电子学是研究固体（主要是半导体）材料上构成的微小型化电路、子系统及系统的电子学分支，是信息领域的重要基础学科，且发展极为迅速。高集成度、低功耗、高性能、高可靠性是微电子学发展的方向。信息技术要求系统获取和存储海量的多媒体信息，以极高速度精确可靠地处理和传输这些信息，并及时地把有用信息显示出来，或用于控制。这些工作必须依靠微电子技术的支撑才能完成。微电子技术即是在半导体材料芯片上采用微米级加工工艺来制造微小型化电子元器件和微型化电路的技术。超高容量、超小型、超高速、超低功耗是信息技术无止境追求的目标，也是微电子技术迅速发展的动力。

2.1 半导体物理基础

在信息技术的发展进程中，以硅为代表的半导体材料以及半导体集成电路技术成为微电子信息技术的基石。半导体材料的独特能带结构衍生出众多新型功能化的微电子信息器件，因此，掌握半导体材料及器件的结构和物理基础，成为研究和开发微电子信息材料和器件的前提。

2.1.1 半导体的性质

固体材料中根据其导电性能的差异可分为金属、半导体和绝缘体三类。通常金属的电导率为 $10^4 \sim 10^6 (\Omega \cdot cm)^{-1}$，绝缘体的电导率小于 $10^{-10} (\Omega \cdot cm)^{-1}$，电导率介于两者之间的则称为半导体。然而实际上金属、半导体和绝缘体之间的界限并不是绝对的，通常当半导体中的杂质含量很高时电导率很高，呈现出一定的金属性；而纯净半导体在低温下的电导率很低，呈现出绝缘性。一般半导体和金属的区别在于半导体中存在着禁带，而金属中不存在禁带。区分半导体和绝缘体则较为困难，通常根据它们的禁带宽度及其温度特性加以区分。

半导体主要有以下特点：

① 在纯净的半导体材料中，电导率随温度的上升而指数增加；

② 半导体中杂质的种类和数量决定着半导体的电导率，在重掺杂情况下温度对电导率的影响较弱；

③ 在半导体中可以实现非均匀掺杂；

④ 光的辐照、高能电子等的注入可以影响半导体的电导率。

Si 是最常见的元素半导体之一，它在化学元素周期表中位于ⅣA族。Si 原子中存在 4 个价电子，在硅晶体中这些价电子以共价键的形式将许多硅原子紧紧地结合在一起，共价键上的电子摆脱束缚所需要的能量约为 1.12eV。

在半导体晶体中，如果共价键中的电子获得足够的能量，可以摆脱共价键的束缚而成为可以自由运动的电子。此时在原来的共价键上留下一个缺位，由于相邻共价键上的电子随时可以跳过来填补这个缺位，从而使缺位转移到相邻共价键上，即可以认为缺位也是能够移动的。这种可以自由移动的缺位称为空穴。半导体就是靠电子和空穴移动而导电的，这些电子和空穴统称为载流子。半导体中的载流子主要通过掺杂而产生，利用在半导体晶体中掺入不同价态的杂质离子而产生多余电子或空穴；当然也可以通过热激发导致价带电子跃迁而产生本征导电现象。

常温下 Si 的导电性能主要由杂质决定。在 Si 中掺入ⅤA族元素杂质（如 P、As、Sb 等），这些ⅤA族杂质替代了一部分 Si 原子的位置，但由于它们的最外层有 5 个价电子，其中 4 个与周围硅原子形成共价键，多余的一个电子便成了可以导电的自由电子。这样一个ⅤA族杂质原子可以向半导体硅提供一个自由电子而本身成为带正电的离子，通常把这种杂质称为施主杂质。当 Si 中掺有施主杂质时，主要靠施主提供的电子导电，这种依靠电子导电的半导体被称为 N 型半导体。

若在 Si 中掺入ⅢA族元素杂质（如 B、Al、Ga、In），这些ⅢA族杂质原子在晶体中替代了一部分 Si 原子的位置，由于它们的最外层只有 3 个价电子，在与周围 Si 原子形成共价键时产生一个空穴，这样一个ⅢA族杂质原子可以向半导体 Si 提供一个空穴，而本身接受一个电子成为带负电的离子，通常把这种杂质称为受主杂质。当 Si 中掺有受主杂质时，主要靠受主提供的空穴导电，这种依靠空穴导电的半导体被称为 P 型半导体。

实际上，半导体中通常同时含有施主和受主杂质，当施主数量大于受主数量时，半导体是 N 型的；反之，当受主数量大于施主数量时，则是 P 型半导体。

2.1.2 半导体材料的能带结构

半导体是由大量原子组成的晶体。由于原子间距离很近，一个原子中的外层电子不仅受到该原子的作用，还将受到相邻原子的作用，因此相邻原子中电子的量子态将发生一定程度的相互交叠。通过量子态的交叠，电子可以从一个原子转移到相邻的原子上去。当原子组合成晶体后，电子的量子态将发生质的变化，它不再是固定于个别原子上的运动，而是穿行于整个晶体中，电子运动的这种变化称为"共有化"。

电子在原子之间的转移不是任意的，电子只能在能量相同的量子态之间发生转移，即共有化量子态与原子能级之间存在直接的对应关系。由于电子在晶体中共有化可以有各种速度，因此在同一个原子能级基础上产生的共有化运动也是多种多样的。一个原子能级将演变出许多共有化量子态，它们代表电子以各种不同的速度在

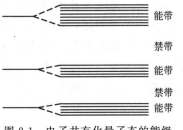

图 2-1 电子共有化量子态的能级

晶体中运动。图 2-1 展示出了电子共有化量子态的能级图。由图可见，晶体中量子态的能级分成由低到高的许多组，分别和各原子能级相对应，每一组内包含大量的、能量很接近的能级。这样密集的能级在能级图中看上去就像一条带子，因此通常称它为能带。能带之间的间隙称为"禁带"。禁带宽度即为从一个能带到另一个能带之间的能量差。

一般来说，原子的内层能级都是被电子填满的。当原子组成晶体后，与这些内层能级对应的能带也都被电子所填满。在 Si、Ge、金刚石等共价键晶体中，从其最内层的电子直到最外层的价电子都正好填满相应的能带。能量最高的是价电子所填充的能带称为价带，价带以上的能带基本上是空的，其中最低的没有被电子填充的能带通常称为导带。图 2-2 为电子填充能带的模型。在晶体中，成键电子即为填充价带的电子，如 Si 或 Ge 原子最外层的 4 个价电子就填充在价带中。如电子离开价带跃迁至价带上方的导带，就会在价带中留下空能级。因此，电子摆脱共价键而形成电子和空穴的过程，就是一个电子从价带到导带的量子跃迁过程，其结果是导带中增加了一个电子而价带中出现了一个空能级。半导体中导电的电子就是处于导带中的电子，而原来填满的价带中出现的空能级则代表导电的空穴。从实质上讲，空穴的导电性反映的仍是价带中电子的导电作用。

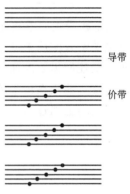

图 2-2 电子填充能带模型

半导体中的杂质原子可以使电子在其周围运动而形成量子态。通常，杂质量子态的能级处在禁带之中。对于 V_A 族施主杂质（如 P、As、Sb 等），当它取代晶格中 Si 或 Ge 的位置后，其 4 个价电子形成共价键，多余的一个价电子成为自由电子，杂质本身则成为正电中心。正电中心可以束缚电子在其周围运动而形成量子态。原子对电子的束缚能力一般用电离能表示，电离能越大，表示原子对电子的束缚能力越强，电子要摆脱原子的束缚则需要更多的能量。H 原子的电离能是 13.6eV，而 Si 中几种 V_A 族施主杂质的电离能如表 2-1 所示。可以看出，V_A 族施主杂质的电离能很小，因此施主上的电子几乎都能全部电离，参与导电。

表 2-1 Si 中几种 V_A 族施主杂质的电离能

施主	P	As	Sb
电离能/eV	0.044	0.049	0.039

施主上的电子电离实质上就是原来在施主能级上的电子跃迁到导带中去，这个过程所需要的能量就是电离能。根据电离能的大小可以确定施主能级在能带结构中的位置。如图 2-3 所示，施主能级在导带的下面，与导带的距离等于电离能，图中箭头表示电子从施主能级跃迁到导带的电离过程。

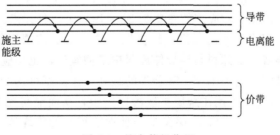

图 2-3 施主能级位置

ⅢA 族（如 P、Ga、In 等）的受主杂质只有 3 个价电子。代替 Si 或 Ge 形成 4 个共价键需要从其他共价键上夺取一个电子，这样将形成一个负电中心同时产生一个空穴。带负电的中心可以吸引带正电的空穴在其周围运动，使空穴摆脱受主束缚所需要的能量就是受主的电离能。Si 中ⅢA 族受主杂质的电离能如表 2-2 所示。

表 2-2　Si 中几种ⅢA 族受主杂质的电离能

受主	B	Al	Ga	In
电离能/eV	0.045	0.057	0.065	0.16

ⅢA 族受主的电离能也很小，受主杂质基本上也是全部电离，形成自由导电的空穴。自由导电的空穴实质上就是价带中的空能级，受主杂质电离是价带中的电子跃迁到受主能级的过程，跃迁所需要的能量就是受主的电离能。由此同样可以确定受主能级的位置，如图 2-4 所示，受主能级在价带的上面，与价带的距离等于电离能，图中箭头表示电子从价带跃迁到受主能级的电离过程。被电子填充后的受主能级，相当于失去空穴的受主负电中心，即电离受主。

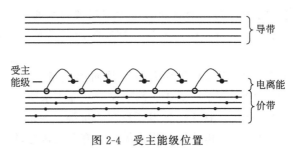

图 2-4　受主能级位置

许多杂质都可以在 Si、Ge 的禁带中形成杂质能级，这些能级也可按照ⅤA 族和ⅢA 族的不同特点区分为施主能级和受主能级。如果能级在有电子占据时呈电中性，失去电子后成为正电中心的杂质能级则为施主能级；受主能级的情况正好相反，它在有电子占据时为负电中心，而没有电子占据时则呈电中性。

ⅤA 族施主能级和ⅢA 族受主能级分别距离导带和价带非常近，它们的电离能很小，通常称这种能级为浅能级，其他许多杂质的能级离导带和价带较远的则称为深能级。

2.1.3　半导体材料分类

通常把半导体材料分为元素半导体、化合物半导体、固溶体半导体、非晶半导体、有机半导体以及超晶格半导体等。

（1）元素半导体材料　元素半导体是指由单一元素构成的具有半导体性质的材料，如 Si、Ge、P、Se、Te、C(金刚石及石墨)、I 七种元素以及 P、As、Sb、Sn、S 的某种同素异构体。但迄今为止，已获实际应用的主要是 Si、Ge、Se 三种元素。

Si 是地壳外层含量仅次于氧的元素，约占地壳的 25%，主要以氧化物和硅酸盐的形式存在。由于储量非常丰富，Si 原料是半导体原料中最便宜的，也是应用最广的一种原料。Si 有许多优点：它的禁带宽度为 1.1eV，Si 器件的最高工作温度可达 200℃；它在高温下可氧化生成 SiO_2 薄膜，这种薄膜可用作杂质扩散的掩护膜，从而能与光刻、扩散等工艺结合起来制成各种结构的器件和电路；SiO_2 层又是一种性能很好的绝缘体，在集成电路制造中可用作电路互联的载体；它也是一种很好的保护膜，能防止器件工作时受周围环境影响而导致性能退化。Si 的受主和施主杂质有着几乎相同的扩散系数，这就为 Si 器件和电路的工艺制作提供了更大的自由度。Si 材料的这些优点促成了半导体平面工艺的发展，降低了微电子器件的制造成本，同时有利于芯片集成度的提高，Si 材料因而在超大规模集成电路及器件中得到广泛应用。

Ge 是较早开发的半导体材料，在 1948 年就诞生了第一支 Ge 晶体管。Ge 为稀有元素，在地壳中的含量仅为万分之二。与 Si 相比，Ge 存在许多弱点：它的禁带宽度只有 0.72eV，因此 Ge 器件的最高工作温度只有 85℃，热稳定性较差；Ge 无法形成诸如 SiO_2 那样的优质氧化膜；Ge 中施主杂质的扩散远比受主杂质快，工艺制作的自由度小；因此从 20 世纪 60 年代开始逐渐被单晶 Si 取代。但是 Ge 也有它的独特之处，如 Ge 的载流子迁移率比 Si 高，在相同条件下拥有较高的工作频率、较低的饱和压降、较高的开关速度和较好的低温性能，适于制作各种高速高频器件。Ge 单晶还具有高折射率和低吸收率的优点，适于制作红外透镜、光学窗口和滤光片等。

无定形 Se 是一种棕色固体，接近绝缘体性质。结晶形 Se 具有金属光泽，对光很敏感，是一种光电半导体材料。目前大量用于复印机光电转换元件硒鼓上，同时在光电池、摄像靶和可擦重写相变光记录材料制作中均有应用。

金刚石与石墨同为碳的同素异构体。天然金刚石晶体的结构与硅相似，每个碳原子与周围 4 个碳原子以共价键形式相连，呈 sp^3 杂化态和 4 配位键结构。天然金刚石在地球上的储量很少，因而自 20 世纪 70 年代以来，人们用多种方法制成各种金刚石膜。金刚石具有许多超乎寻常的特点，例如，金刚石集成电路的密度可比硅集成电路高 10 倍，使计算机的时钟频率高达 100GHz；用金刚石天线罩装备的弹头，可使导弹的飞行速度达到或超过 4.5Ma，并可耐 1100℃高温；金刚石膜能透过远红外光到紫外光，可用于制作紫外探测器、各种透镜的保护膜及窗口材料。金刚石质地坚硬，具有良好的传声效能，声速高达 18.5km/s，可制作高保真扬声器和新一代音响设备。

（2）化合物半导体材料　由两种或两种以上元素以确定的原子配比形成的化合物，并具有确定的禁带宽度和能带结构等半导体性质的材料称为化合物半导体材料。按照化合物半导体材料各组成元素在周期表中所在的族来分类，可分为Ⅲ-Ⅴ族、Ⅱ-Ⅵ族、Ⅳ-Ⅵ族、Ⅳ-Ⅳ族和Ⅰ-Ⅲ-Ⅵ族等。

Ⅲ-Ⅴ族化合物半导体材料是指元素周期表中Ⅲ$_A$族与Ⅴ$_A$族元素化合而成的化合物，如 GaAs、GaP、GaSb、GaN、InP、InAs、InSb 等，具有闪锌矿结构。该族半导体材料具有以下特点：

① 禁带宽度大于 Si，高温动作性能、热稳定性和耐辐射性好；

② 电子迁移率大于 Si，适于制作高频、高速开关；

③ 各种化合物间可形成固溶体，可制成禁带宽度、点阵常数、迁移率等连续变化的半导体材料。

GaAs 晶体的禁带宽度比硅高 1.28 倍，因而能在更高的温度和反向电压工作，而耐高反向电压可防止器件因工作电压过高而被烧毁，因而它是制造大功率器件的优良材料。GaAs 晶体的电子迁移率比 Si 高 5.7 倍，可在更高的频率下工作，是制造高速集成电路和高速电子器件的理想材料。GaAs 晶体材料可用于制作集成电路衬底、红外探测器、激光器等光电器件的衬底和场效应晶体管等。InP 晶体的工作极限频率和热导率高于 GaAs，电子扩散速率与电子迁移率的比值则小于后者，因而可用于制作工作区更长的低噪声器件和大功率器件。而 GaP 单晶则主要用来制作发红、黄、绿光的发光二极管，在信息显示领域得到广泛应用。GaN 材料的禁带宽度是 Si 材料的 3 倍多，其器件在大功率、高温、高频、高速和光电子应用方面具有远比 Si 器件和 GaAs 器件更为优良的特性，可制成蓝绿光、紫外光的发光器件和探测器件，近年来取得了很大的进展。

Ⅱ-Ⅵ族化合物半导体材料是指元素周期表中ⅡB 族元素与ⅥA 族元素化合而成的化合物，如 ZnS、ZnSe、ZnTe、CdS、CdSe、CdTe、HgSe、HgTe 等。在这些材料中，除了 CdTe 可以生成两种导电类型的晶体外，其余均为单一的导电类型，而且多数为 N 型，很难用掺杂方法获得 P 型材料。该类半导体材料具有直接跃迁型能带结构，禁带范围较宽，发光色彩比较丰富。

ZnSe 是量子效率较高的宽带发光材料和红外透过材料，且成本低廉，被广泛用于制造蓝色发光管、平板显示器、光波导开关、光通信窗口、短波长激光器和太阳能电池等器件。

Ⅳ-Ⅵ族化合物半导体通常是指ⅣA 族元素 Pb、Sn 与ⅥA 族元素 S、Se、Te 形成的化合物，其中比较重要的是铅的三种硫系化合物。这三种材料在物理性质上极为相似，都具有直接跃迁型能带结构，禁带宽度较窄（室温下 PbS 禁带宽度最大为 0.41eV），且随温度下降而变窄，且温度系数较大。这几种材料都是很好的光电材料，已广泛应用于红外探测器的制作。

Ⅳ-Ⅳ族化合物半导体是指元素周期表中两种ⅣA 族元素化合而成的化合物，主要有 SiC 和 GeSi 合金等。

SiC 是一种重要的宽禁带半导体材料，它可以比硅和 GaAs 承受更高的工作温度，因而被称为高温半导体。SiC 薄膜材料耐工作温度高、抗辐射能力强，被用来制作大功率 MOS 场效应管和异质结双极型晶体管（HBT）。

锗硅合金也称锗硅固溶体，它是由 Si 和 Ge 形成的溶解度无限的替位固溶体。在通常压力下为立方晶系的金刚石结构。硅锗合金有无定形、结晶形和超晶格三种。无定形主要有 α-SiGe：H；结晶形分单晶和多晶两种；超晶格主要是指用应变和组分调整生长原子层厚的 Ge_xSi_{1-x}/Si 应变外延层超晶格材料。

此外，一些三元化合物半导体材料也表现出较好的应用前景，如 $CuInSe_2$ 的光电转换效率较高，$ZnSiP_2$、$CdSiP_2$、$ZnGeP_2$ 等拥有较好的发光效率和非线性光学性能，$CdGaS_4$、$CdInS_4$ 和 $ZnInS_4$ 则可用于制作光电阻和光开关等器件等。

（3）固溶体半导体材料　通常把具有半导体性质的固溶体称为固溶体半导体材料。这类材料的特点是其性质可随成分的变化连续变化，因而可根据需要调节成分，制备符合各种要求的材料。固溶体半导体材料主要有：元素间固溶体如 Si-Ge 材料、Ⅲ-Ⅴ族固溶体如 $(Ga_{1-x}Al_x)$ As、Ⅱ-Ⅵ族固溶体 $Hg_xCd_{1-x}Te$、$Pb(Se_{1-x}Te_x)$ 等。

Si-Ge 元素间固溶体是由硅和锗形成的无限共溶的替位固溶体，在常压下为立方晶系的金刚石结构。主要有无定形的 α-SiGe、结晶形的单晶、多晶和 Ge_xSi_{1-x}/Si 应变外延层超晶格材料。α-SiGe 的光电转换效率高，主要用作太阳能电池。GeSi 还可用于制作光电二极管和红外探测器，其波长可在 $0.8\sim1.6\mu m$ 范围随组成、应变调节。GeSi/Si 则是一种优质的衬底材料。

$(Ga_{1-x}Al_x)$As 的禁带宽度 E_g 会随着 x 值而变化。当 $x<0.4$ 时，为直接跃迁型半导体，而 $x>0.4$ 时，则为间接跃迁型半导体。直接跃迁型 $(Ga_{1-x}Al_x)$As 可用来制作红外半导体激光器，x 值直接影响激光的波长。这种材料主要用来制作波长为 850nm 的半导体激光器，用于短距离光纤通信和固体激光器的泵浦源。

$Hg_xCd_{1-x}Te$ 固溶体的禁带宽度 E_g 会随着 x 和温度变化。通过改变 x 和温度即可使 $Hg_xCd_{1-x}Te$ 的 E_g 在半金属 $HgTe(E_g=-0.3eV)$ 和半导体 $CdTe(E_g=1.648eV)$ 之间连续调节，以适应各种响应波长的需求。$Hg_xCd_{1-x}Te$ 主要用于制作红外探测器件，其探测范围覆盖 $1\sim14\mu m$ 整个红外波段。$Hg_xCd_{1-x}Te$ 属本征半导体材料，具有光吸收系数大、量子效率高、工作温度宽广、响应速度快等优点，又因其热膨胀系数与硅接近，故可用来制作与硅信息处理电路集成的混合式红外焦平面器件。

（4）超晶格半导体材料　超晶格半导体材料是 20 世纪 70 年代开始出现的一种人工制备的材料。它是由不同的超薄层半导体材料周期性排列而形成的。形成超晶格材料的每一薄层厚度应小于电子平均自由程（几十纳米），同时在相邻两超薄层间形成突变结构，界面间的过渡层厚度仅为原子层大小量级。一般用分子束外延或金属有机化学气相沉积等超薄层生产技术制备。

超晶格有组分型、掺杂型和应变型三种类型。组分型超晶格的相邻两层材料的组分不同，如 GaAs/AlGaAs 超晶格。掺杂型超晶格的相邻两层材料组分相同，但通过控制不同的掺杂种类使这两层具有不同的导电类型，如 N-GaAs/P-GaAs 超晶格。上述两种超晶格材料的晶格常数是相同或相近的，既保持晶格匹配。如果用两种晶格不匹配的材料组成超晶格，两层材料的界面处会出现因晶格畸变而引起的应力场，即为应变型超晶格，如 InAs/GaSb 超晶格。

在 GaAs/AlGaAs 超晶格中，GaAs 是一窄带半导体（室温时 $E_g=1.42eV$），AlGaAs 的禁带宽度则随 Al 组分增加而增加。由于 GaAs 和 AlGaAs 界面处形成突变结构，在禁带宽度较窄的 GaAs 层内就会出现势阱。如图 2-5 所示，GaAs 的禁带宽度 E_{g_1} 为 1.42eV，$Al_xGa_{1-x}As$ 的禁带宽度随组分 x 而变，其关系为：

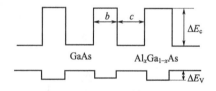

图 2-5　$GaAs/Al_xGa_{1-x}As$ 的能带结构

$$E_{g_2}=E_{g_1}+1.247x \qquad (2-1)$$

从图 2-5 中可以看出，在 GaAs 和 $Al_xGa_{1-x}As$ 的交界处，能带是不连续的，两者的导带底能量差为 ΔE_c，价带顶能量差为 ΔE_v，且 $\Delta E_c+\Delta E_v=\Delta E_g$。这样，在禁带宽度较宽的 $Al_xGa_{1-x}As$ 层就形成了一个势垒，落在 GaAs 层的电子要跃迁出去必须克服这个势垒，因而在 GaAs 层就形成了一个势阱，GaAs 层厚度为势阱宽度，$Al_xGa_{1-x}As$ 层厚度则为势垒宽度。

掺杂型超晶格的相邻两层材料相同，它们的禁带宽度相同，但因两种材料的导电类型不同，在能带中会出现势垒和势阱，界面处能带因掺杂而弯曲。

当势阱、势垒宽度小至可与电子波长相比拟时，在两个 AlGaAs 势垒之间形成 GaAs 量子阱。对于单个量子阱，势阱中的电子沿着超薄层层叠方向（设为 z 方向）具有量子化能级，因此沿 z 方向不能自由运动。量子阱宽度越窄，量子化效果越显著。而在平行于量子阱层面方向能级是连续的，电子可以自由运动。

如果两个势阱间的势垒宽度很窄，一个势阱中的电子会通过势垒贯穿进入另一个势阱，导致两个势阱中的电子的相互作用，使量子化能级分裂，原来的每一个能级分裂成两个能级。对于多量子阱来说，随着量子阱个数的增加，能级分裂的数目成比例增加。当量子阱个数趋于无穷时，量子阱中的每个量子化能级就会扩展为能带，即在原来的导带中形成许多子带，子带之间则出现子禁带。在多量子阱结构中，电子除了可沿量子阱平面自由运动外，也

可以在子带内沿 z 方向运动。超晶格（量子阱）半导体材料的这种独特的能带结构，展现出各种奇异的电子学和光子学特性，在量子阱激光器、光双稳器件、光探测器等方面有着重要的用途。

2.2 集成电路基础

2.2.1 半导体器件基础

（1）PN 结　PN 结是半导体器件的最基本结构要素。将 P 型半导体和 N 型半导体相互接触即可形成 PN 结，而将 PN 结适当组合即可制成晶体管、可控硅管、集成电路等。PN 结的重要特性是具有整流作用，即电流只能沿着某一方向流动。图 2-6(a) 为 P 型半导体和 N 型半导体的能带图，图中 E_C 和 E_V 分别代表导带底和价带顶。E_F 为费米能级，它反映电子的填充水平，是电子统计规律的一个基本规律。

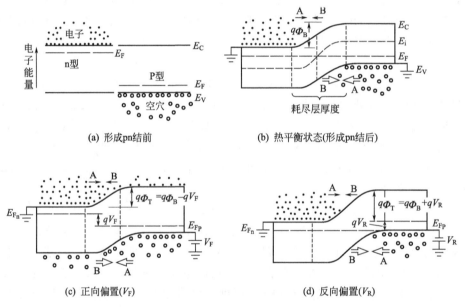

(a) 形成pn结前　　　　　(b) 热平衡状态(形成pn结后)

(c) 正向偏置(V_F)　　　　　(d) 反向偏置(V_R)

图 2-6　半导体 PN 结能带图

图 2-6(b) 为成结后在热平衡状态下的能带图。在热平衡状态下，N 区的多数载流子（电子）和 P 区的多数载流子（空穴）分别向 P 区和 N 区扩散，形成扩散电流 A。另一方面，由于 N 区中的电子向 P 区扩散，就留下了带正电的电离施主中心，形成一个带正电荷的区域。同样，由于 P 区中的空穴向 N 区扩散，留下了带负电的电离受主中心，形成一个带负电荷的区域。因此在 PN 结两侧形成了带正负电荷的区域，称为空间电荷区。由于这一区域已无载流子存在，故又称为耗尽层。空间电荷区的正负电荷会产生一个由 N 区指向 P 区的自建电场。自建电场会使电子从 P 区向 N 区漂移，使空穴从 N 区向 P 区漂移，从而形成与扩散电流 A 方向相反的漂移电流 B。当这两股电流 A 和 B 处于动态平衡时，就无电流流过。此时，耗尽层内的空间电荷产生了接触电势差（也称扩散电势差）Φ_B。

在 PN 结上加正向电压 V_F，P、N 之间的电势差 Φ_T（$\Phi_T = \Phi_B - V_F$）降低，热平衡被破坏，由多数载流子（即电子）形成的扩散电流远大于漂移电流，如图 2-6(c) 所示。正向偏压越大，该电势越小，其结果是使电流指数式增加。与此相反，当在 P 区加载负电压 V_R 时，电势差 $\Phi_T(\Phi_T = \Phi_B + V_R)$ 变大，多数载流子难以扩散，几乎无电流流动，如图 2-6(d) 所示，即形成了 PN 结的整流效应。

(2) 双极型晶体管　常用的半导体器件按照参与导电的载流子情况，可以分为电子和空穴两种载流子参与的双极型和只涉及一种载流子的单极型两大类。双极型晶体管又称为三极管，其电特性取决于电子和空穴两种少数载流子的输运特性，这就是晶体管前加"双极"的原因。

双极型晶体管的基本结构由两个相距很近的 PN 结组成，它又可以分成 NPN 和 PNP 两种。图 2-7 分别展示了 NPN 晶体管和 PNP 晶体管的示意图。NPN 晶体管的第一个 N 区（对 PNP 管是 P 区）为发射区，由此引出的电极为发射极，用符号 e 代表；P 区（对 PNP 管为 N 区）为基区，由此引出的电极为基极，用符号 b 代表；第二个 N 区（对 PNP 晶体管为 P 区）为收集区，由此引出的电极为收集极，用符号 c 代表。由发射区、基区构成的 PN 结称为发射结，由收集区、基区构成的 PN 结称为收集结。

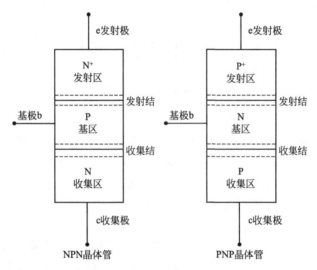

图 2-7　双极性晶体管示意图

在正常使用条件下，晶体管的发射结加正向小电压，称为正向偏置，收集结加反向大电压称为反向偏置，图 2-8 示出了 NPN 晶体管的偏置情况。

双极型晶体管从表面上看好像是两个背对背紧挨着的二极管，然而简单地把两个 PN 结背对背地连接成 PNP 或 NPN 结构并不能起到晶体管的作用。以 NPN 结构为例，如果 P 区宽度比 P 区中电子扩散长度大得多，虽然一个 PN 结是正向偏置，另一个 PN 结是反向偏置，由于这两个 PN 结的载流子分布和电流是互不相干的，因此与两个 PN 结单独使用无任何差别。

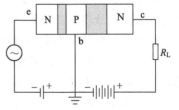

图 2-8　NPN 晶体管的偏置情况

但如果两个 PN 结中间的 P 区宽度不断缩小，使 P 区宽度小于少子（少数载流子，即空穴）扩散长度，那么这两个 PN 结电流、少子分布就不再是不相干的，两个 PN 结之间就要发生相互作用。从正向 PN 结注入 P 区的电子可以通过扩散到达反向 PN 结空间电荷区边界，并被反向 PN 结空间电荷区中的电场拉到 N 区，然后漂移通过 N 区而流出，这时输出电流受输入电流控制，随输入电流增加而增大，且大于输入电流值，具有电流放大作用。实际上半导体收音机就是利用双极型晶体管放大信号的。

（3）MOS 场效应晶体管　场效应晶体管（field effect transistor，简称 FET）是一种电压控制器件，其导电过程主要涉及一种载流子，故也称为单极型晶体管，以与双极晶体管相区别。FET 的种类如图 2-9 所示。

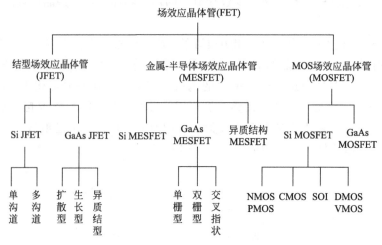

图 2-9　场效应晶体管的分类

金属-氧化物-半导体场效应晶体管（metal oxide semiconductor field effect transistor，简称 MOSFET，或 MOS 场效应晶体管）是集成电路中最重要的单极器件，是构成集成电路的主要器件。其剖面结构如图 2-10 所示，图 2-10(a) 为 N 沟 MOSFET，在 P 型硅片上形成两个高掺杂的 N^+ 区，其中一个为源区，用 S 表示；另一个为漏区，用 D 表示。在源和漏区之间的 P 型硅上有一薄层二氧化硅，称为栅氧化层，二氧化硅上有一导电层，称为栅极，用 G 表示。P 型硅本身构成了器件的衬底区，又称为 MOSFET 的体区，用 B 表示。MOS 场效应晶体管是一个

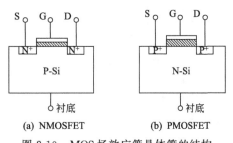

(a) NMOSFET　　(b) PMOSFET

图 2-10　MOS 场效应管晶体管的结构

四端器件，分别为 G、S、D、B 4 个电极，由于 MOSFET 的结构是对称的，因此在不加偏压时，无法区分器件的源和漏。对于 N 沟 MOSFET，通常漏源之间加偏压后，将电位低的一端称为源，电位较高的一端称为漏，其电流方向由漏端流向源端。而对于 P 沟 MOSFET[图 2-10(b)]，通常在漏源之间加偏压后，将电位高的一端称为源，电位较低的一端称为漏，其电流方向由源端流向漏端。

对于 N 沟 MOSFET，当施加在栅极上的电压为 0 时，源区和漏区被中间的 P 型区隔开，源和漏之间相当于两个背靠背的 PN 结，在这种情况下，即使在源和漏之间加一定的电压，也没有明显的电流，只有很小的 PN 结反向电流。而如果在栅极上施加一适当的正电压，所形成的垂直电场就能把半导体表层的空穴全部驱赶至半导体表层下面。此时若继续增大电流强度，半导体中的电子就会在电场的吸引下移至表面层，这样就在二氧化硅绝缘层下的源和漏之间形成一个 N 型的电流通道，称为沟道，源和漏两个 PN 结间的距离称为沟道长度。因此通过控制栅极上施加电压的大小即可控制沟道中的漏电流的大小。

　　结型场效应晶体管（junction field effect transistor，简称 JFET）和金属半导体场效应晶体管（metal semiconductor field effect transistor，简称 MESFET）都是目前集成电路中广泛采用的半导体器件。JFET 管在硅模拟电路中广泛用作恒流源、差分放大器等单元电路；而 MESFET 是目前 GaAs 微波单片集成电路广泛采用的器件结构。图 2-11 为 JFET 和 MESFET 的结构。与 MOSFET 相比，它们不是靠静电感应电荷控制沟道电荷量，而是依靠势垒的空间电荷区扩展来控制沟道电荷的变化。JFET 与 MESFET 不同的是，JFET 依靠 PN 结空间电荷区控制沟道电荷，而 MESFET 是依靠肖特基势垒来控制沟道电荷的变化，其他工作原理完全相同。如在 JFET 中［图 2-11

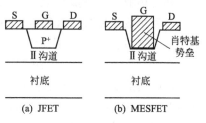

图 2-11　JFET 与 MESFET 的结构

(a)］，衬底和沟道同为 N 型半导体（N 沟 JFET）；依靠扩散（或离子注入）的方法在 N 型衬底上构成 P$^+$ 区，从而构成一个 PN 结；PN 结下方有一条狭窄的电流通道（沟道），如果在栅（G）极和源（S）极之间加一个反向 PN 结电压，由于源漏扩散区杂质浓度比沟道区高得多，故 PN 结空间电荷区将向沟道区逐步扩展，使沟道区中的空间电荷区之间的距离逐步变小。这样，通过改变栅扩散结的 PN 结空间电荷区宽度，调制沟道中的电荷数目，实现电压控制源漏电流的目的。

2.2.2　集成电路技术及其发展

　　集成电路（integrated circuit，简称 IC）就是将电路中的有源元件（二极管、晶体管等）、无源元件（电阻、电容等）以及它们之间的互联引线等一起制作在半导体衬底上，形成一块独立的不可分的整体电路，集成电路的各个引出端（又称管脚）就是该电路的输入、输出、电源和接地等的接线端。

　　1946 年，世界上第一台电子计算机诞生。这台被命名为 ENIAC 的电子计算机由 1.8 万个电子管、7 万个电阻器、1 万个电容器以及 6 千个继电器构成，ROM 容量为 16kbit，RAM 容量为 1kbit，时钟频率为 100kHz。这台电子计算机全长 30m、宽 1m、高 3m，总重 30t，功耗为 174kW。这种电子管式计算机不仅体积庞大，而且工作稳定性和使用寿命也很差，极大地限制了其应用和发展。

　　1947 年点接触型晶体管与 1950 年结型晶体管的分别发明，使得电子工业步入晶体管时代。晶体管依靠半导体晶体中的电子和空穴的流动来工作，其寿命是无限的。采用结型晶体管制成的电子计算机于 1955 年商品化。电子计算机的性能和功能，随着使用的晶体管等元器件数目的增多而获得提高，所以电子计算机中采用的元器件数年年增加。尽管单体晶体管、电阻器、电容器等寿命都很长，但这些元器件需要通过焊接组装在印刷线路板上，焊接部分的劣化成为制约计算机寿命的主要因素。

　　1952 年，英国皇家雷达研究所的 G. W. Dummer 首次提出关于集成电路的设想。他认为，随着晶体管和一般半导体工业的发展，电子设备可以在一个固体块上实现，而不需连接线。这种固体块可以由绝缘体、导体、整流、放大等材料层组成。经过近 6 年的实践，1959 年美国得克萨斯仪器公司的 J. S. Kilby 和仙童半导体公司的 R. Noyce 分别发明了世界上第一块锗集成电路和硅集成电路，开创了集成电路时代。

　　集成电路的发明大大地促进了电子设备的小型化和低功耗化。与采用单体电子管和晶体管的电子线路相比，集成电路还大大降低了电子设备的故障率，使更庞大的电子电路系统的制造成为可能。作为关键部件的集成电路最初被应用于军事上，现在已经广泛地应用在工业及民用产品中。

最初的集成电路都属于双极型的。1960 年以后出现了采用 MOS 结构和工艺的集成电路。这两种集成电路各有其特点，一直处于互相竞争、互相促进、共同发展的状态。随着集成电路基片制造技术和光刻技术的不断发展，芯片的尺寸越来越大，而光刻线宽则越来越小，由 20 世纪 80～90 年代 6in(1～0.5μm) 发展到现在的 12in(0.13μm)，集成度大幅提高。集成电路从 1962 年时只包含 12 个元器件，经历小规模集成电路（SSI）、中规模集成电路（MSI）、大规模集成电路（LSI）、超大规模集成电路（VLSI），发展到 20 世纪 90 年代，先后出现集成度分别突破 1000 万和 10 亿的甚大规模集成电路（ULSI）、巨大规模集成电路（GLSI）。目前最新推出的 4GB 的双数据率同步动态随机存储器（DDR SDRAM）在 645mm² 的芯片内集成了超过 40 亿个晶体管。Intel 公司的 G. Moore 总结出集成电路发明以来的发展规律，即集成电路上的晶体管数目每十八个月翻一番，性能通常也提升 1 倍，这通常被称之为"摩尔定律"。该定律仍基本符合目前的发展情况，集成电路集成度平均每年翻一番，进入 20 世纪 80 年代后约为每三年翻四番。在短短数十年的时间里，集成电路技术呈爆炸性发展趋势，各类电子产品层出不穷，以电子计算机为代表的整个电子工业得到了迅猛的发展。表 2-3 和表 2-4 分别列举了这数十年间的技术发展大事和趋势。

表 2-3　集成电路技术发展大事记

年　份	事　　　件
1947	点接触型晶体管诞生,微电子技术发展的第一个里程碑
1950	结型晶体管诞生
1951	场效应晶体管发明
1958	集成电路发明,开创微电子学的历史
1960	光刻技术发明
1962	MOS 场效应晶体管诞生
1964	摩尔定律提出,预测晶体管集成度每十八个月增加一番
1971	Intel 推出 1kB 动态随机存储器(DRAM),标志大规模集成电路(LSI)出现
1978	16kB 动态随机存储器诞生,不足 0.5mm² 硅片上集成 14 万个晶体管,标志进入超大规模集成电路(VLSI)阶段
1979	Intel 推出 5MHz 的 8088 微处理器,之后推出全球第一台个人电脑
1985	20MHz 的 80386 微处理器诞生
1988	16M 动态随机存储器诞生,1mm² 的硅片上集成 3500 万个晶体管,标志进入甚大规模集成电路(ULSI)阶段
1989	25MHz 的 486 微处理器诞生,采用 1μm 工艺;后来 50MHz 芯片采用 0.8μm 工艺
1993	66MHz 的 Pentium 处理器推出,采用 0.6μm 工艺
1997	300MHz 的 Pentium Ⅱ 处理器推出,采用 0.25μm 工艺
1999	450MHz 的 Pentium Ⅲ 处理器推出,采用 0.25μm 工艺,后采用 0.18μm 工艺
2000	1.5GHz 的 Pentium Ⅳ 处理器推出,采用 0.18μm 工艺
2001	Intel 宣布采用 0.13μm 工艺

电子器件一般具有这样的特点：即，随着它们结构尺寸的缩小，工作速度将会增加、功耗降低。MOS 场效应晶体管内部电场不变的条件下，当器件尺寸和电源电压缩小为原来的 $1/K$ 时，工作速度将为原来的 K 倍，消耗的功率为原来的 $1/K^2$，而开关能量则减小到原来的 $1/K^3$ 倍，这就是所谓的等比例缩小规律。随着微电子技术的不断发展，集成电路的特征尺寸极限一次次被打破，目前器件的最小尺寸已经缩小到深亚微米甚至 0.1μm，预计到 2016

表 2-4　集成电路技术发展趋势

年份 项目	1997	1999	2001	2003	2006	2009(预计)
特征尺寸/μm	0.25	0.18	0.15	0.13	0.10	0.07
晶体管数/M	11	21	40	76	200	520
时钟频率/MHz	750	1200	1400	1600	1600	2500
芯片面积/mm^2	300	340	385	430	520	620
互联线层数	6	6~7	7	7	7~8	8~9

年将生产出特征尺寸为 22nm 的 CMOS 电路，以及实际栅长为 9nm 的 MPU 和 RAM。集成电路正在接近其物理极限，微小 MOS 场效应晶体管中的一些物理效应凸现出来，如热噪声、半导体单晶中杂质的统计波动和加工偏差而引起的晶体管阈值电压波动、SiO_2 膜和 PN 结的量子隧穿效应和库仑阻塞效应等都会成为集成电路性能进一步提高的障碍。为了克服集成电路技术的物理极限，大量新的微电子技术又不断地被开发出来，如绝缘体上硅（silicon on insulator，简称 SOI）技术、片上系统（system on chip，简称 SOC）、超细微光刻技术、高介电常数栅绝缘介质材料等，以保证摩尔定律的继续有效。

2.2.3　集成电路的分类

自第一块集成电路出现以来，经过三十多年的发展，种类繁杂的集成电路产品在信息产业中得到了广泛的应用。按照用途、结构、规模的不同，人们对这些形形色色的集成电路进行了不同形式的分类，具体的分类方法包括以下一些。

（1）按集成电路的功能，可将集成电路分为两大类

数字集成电路：指处理数字信号的一类集成电路。由于这些电路都具有某种逻辑功能，因此又称为逻辑电路。例如各种门电路、触发器、计数器、存储器等。

模拟集成电路：指对模拟信号（即连续变化的信号）进行放大、转换、调制、运算等作用的一类集成电路。常见的模拟集成电路有各种运算放大器、集成稳压电源、彩色电视机等广播通信和雷达专用集成电路以及特种模/数和数/模转换电路等。

（2）按结构形式，可将集成电路分为三大类型

半导体集成电路：指在半导体材料基片上做成各种元器件，并按要求实现这些元器件间的相互隔离和电气连接使其实现某种电路功能的集成电路。若一个封装中所有元器件都制作在一片半导体材料基片上，则称之为单片半导体集成电路，否则称之为多片半导体集成电路。

膜集成电路：指在一块玻璃或陶瓷基片上，用膜形成技术和光刻技术等形成的多层金属和金属氧化物膜构成电路中全部元器件及其互联而实现某种电路功能的集成电路。若膜是用真空蒸发、溅射或化学淀积方法形成，其厚度通常小于 $1\mu m$，则称之为薄膜集成电路。若膜是用网板印刷等工艺淀积并在高温下烧结融合而成，其厚度通常都在 $1\mu m$ 以上，则称为厚膜集成电路。

混合集成电路：由膜集成电路和半导体集成电路组合而成或是由其中之一（或两者）与分立元件组合而成的集成电路。

（3）按有源器件类型和工艺，可将半导体集成电路分为两大类型　双极型集成电路：有源器件为双极型晶体管的集成电路。目前模拟集成电路和中、小规模数字集成电路主要是这种类型。

MOS 集成电路：有源器件为 MOS 晶体管的集成电路。目前大规模、超大规模数字集

成电路基本上都是这类集成电路。

（4）按规模大小，可将集成电路分为六类 小规模集成电路（small scale integration，简称 SSI），集成度小于 100 个晶体管单元。

中规模集成电路（medium scale integration，简称 MSI），集成度在 100～1000 个晶体管单元。

大规模集成电路（large scale integration，简称 LSI），集成度在 1000～10 万个晶体管单元。

超大规模集成电路（very large scale integration，简称 VLSI），集成度在 10 万～1000 万个晶体管单元。

甚大规模集成电路（ultra large scale integration，简称 ULSI），集成度在 1000 万～10 亿个晶体管单元。

巨大规模集成电路（gigantic scale integration，简称 GSI），集成度在 10 亿～1000 亿个晶体管单元。

2.3 集成电路芯片制造技术

随着集成电路集成度的大幅提高，芯片制造技术的难度和精度要求越来越高。一系列先进的芯片技术应运而生，推动信息产业不断向前发展。集成电路芯片的制造，需通过原料提纯、单晶硅锭及硅片制造、光刻与图形转移、掺杂与扩散、薄层沉积、互联与封装等多道复杂工序来完成。

2.3.1 原料提纯

在集成电路制造过程中，需要高纯度的硅材料，其杂质的原子浓度要求控制在 10^{13} /cm^3 以下，即每十亿个硅原子中可以允许有一个杂质原子，这就需要采用控制非常严格的一系列制造技术来完成单晶硅材料的制造。

高纯硅是由两种普通材料制成的。首先在约 2000℃ 的高温电弧炉中，用碳将二氧化硅还原成元素硅，冷凝后成为纯度约为 90% 的冶金级硅，然后将其转变成液态的三氯氢硅（$SiHCl_3$）以实现进一步提纯，并利用选择性蒸馏法分离其他氯化合物提纯后，再被氢还原成高纯度半导体级的多晶态固体硅。

2.3.2 单晶硅锭及硅片制造

制造集成电路需要的是单晶硅材料，因此需要采用先进的单晶制造技术来获得所需单晶硅锭，半导体晶体制备通常指的就是单晶锭的制备。大多数半导体单晶锭通常是在特殊装置中通过熔体的定向缓慢冷却获得的，即，从宏观上看，熔体从一端开始沿固定方向逐渐凝固；而从微观上看，所有凝固的分子都受预置于熔体前端的籽晶的引导，严格按籽晶的晶体取向排列起来。单晶的制备方法很多，如布里奇曼法、直拉法、区熔法等。

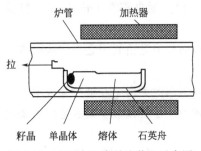

图 2-12 水平布里奇曼法装置示意图

图 2-12 是一种被称为水平布里奇曼法的半导体晶

锭制备工艺所用的实验装置示意图。这种工艺最早是为生长 Ge 单晶而设计的，制备装置和方法都比较简单，而且其晶体生长过程属一种很典型的正常凝固过程。晶体生长过程开始之前，首先在经过严格清洁处理的石英舟中盛入配制好的原料，例如 Ge 粉，并在石英舟的前端植入一段被称作籽晶的单晶体，然后推入高温炉内使原料熔化，但不得让籽晶熔化。待石英舟内的 Ge 粉完全熔融，并与籽晶有了良好的浸润之后，缓慢将其拉出炉管的高温区，熔体即逐段冷凝成晶锭。由于籽晶的存在，熔体与籽晶的接触部分开始冷凝时，其原子排列就会受籽晶中原子规则排列的引导而按同样的规则排列起来，并且会保持籽晶的晶向。只要石英舟的拉出速度足够低，同一晶向将保持到熔体全部冷凝为止。于是当全过程终结时，即制成一根与石英舟具有相向截断形状的晶锭。布里奇曼法包括水平式和立式两种，Ge、GaAs、GeSe、GeTe、ZnS 等半导体单晶都可用这种方法制造。

由于 Si 的熔点较高，熔硅与石英材料又有很强的亲和力，如采用布里奇曼法生长 Si 单晶，石英舟壁对生长材料的玷污和热失配应力问题就显得很突出。因此，从熔硅中生长单晶硅锭通常采用如图 2-13 所示的直拉法。该法中的熔硅虽然是盛在石英坩埚内，但晶体生长过程是在液面之上进行的，不受容器的限制，克服了应力导致晶体缺陷的缺点，玷污有所减轻。在直拉过程中，坩埚中的熔硅始终保持在恒温状态。将籽晶与熔硅浸润后，一边旋转一边缓慢提升，即可使晶体沿籽晶晶向逐渐长大。旋转是为了克服熔体中温度不均匀引起的非均匀凝固问题。直拉法不仅可用来拉制 Si、Ge 单晶，也可用来拉制 GaAs 等化合物单晶。这种工艺的特点是能便宜地得到大口径单晶体，目前直径 300mm（12in）的硅单晶已批量生产，直径 350mm 的硅单晶制备技术也已被掌握。

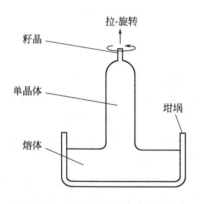

图 2-13　直拉法制备晶锭示意图

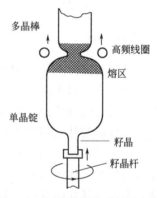

图 2-14　区熔法制备晶锭示意图

区熔法（或称浮区法）制备单晶时不采用坩埚，而用多晶棒为原料，并在其下端预置籽晶，如图 2-14 所示。多晶棒固定竖放于炉膛内，通常用一个可上下移动的水冷线圈套在多晶棒外，借以耦合高频电场，使被线圈环绕的一小段多晶因感应加热而升温至熔化。只要熔区足够短，熔体靠表面张力就足以维持住自己，不会外溢坍塌，从而在多晶棒上形成一段局部的悬浮熔区。多晶棒随着加热线圈沿一个方向的缓慢移动，悬浮熔区从棒的一端移向另一端，而熔区所过之处皆会按籽晶晶向重新凝结成单晶体。如果在线圈向上移动的同时，固定籽晶的籽晶杆也一边旋转一边向上跟进，就可生长出直径增大的晶锭。由于制备过程中熔体不与任何器物接触，炉膛内因熔区体积甚小也无须设置任何保温隔热系统，因而极大限度地避免了生长过程中杂质对晶体的玷污。区熔法适用于单晶 Si 和 GaAs 等半导体材料的制备。

生长出高质量的单晶硅锭后，还需通过研磨至精确的直径后，用金刚石锯将其切割成薄的圆形硅片，并通过抛光处理后才能获得镜面样光滑的、可以使用的硅片。由于在室温下的空气中，裸硅表面会很快形成厚约 2nm 的氧化层，因此需要通过氧化工艺制备更厚（8nm～1μm）的 SiO_2 层，SiO_2 层可起到掩蔽杂质离子扩散、作为集成电路的绝缘层或隔离介质、对器件起保护（钝化）等方面作用。SiO_2 层的制备有热氧化、化学气相沉积等方法。

2.3.3 光刻与图形转移

在硅片上形成 SiO_2 保护层后，必须利用光刻的手段选择性地去除部分区域，以便进行掺杂处理。首先在高速旋转的氧化硅片上涂覆一层由光敏聚合物组成的光刻胶，待光刻胶被烘干后，将由透明区域和不透明区域组成的掩膜板置于硅片上，用紫外光对光刻胶曝光以改变其结构。正胶曝光处的光刻胶分子键被打破，而负胶的分子键在曝光后是胶联（聚合）的。光刻胶中弱的键合区域或未聚合区域被选择性地在溶剂中溶解掉，而未被溶解的、耐酸的、变硬的胶层将掩膜版上的图形复制在 SiO_2 上，从而形成光刻胶图形。

集成电路中包含有大量的晶体管，光刻工艺的精度决定了芯片的集成度。如果光的波长接近于芯片的特征尺寸，就会发生衍射效应，将会直接限制特征尺寸的减小。采用短波长曝光可得到更小尺寸的图形。紫外光刻的出现、利用更短波长的电子束、X 射线或离子束对光刻胶进行曝光，都是人们挑战特征尺寸极限的诸多手段和尝试。

形成光刻胶图形后，SiO_2 或其他材料未被光刻胶保护的区域要被刻蚀掉后才能将图形转移到芯片上。要得到 SiO_2 的图形，可在含有氢氟酸的腐蚀液中腐蚀掉 SiO_2，使硅表面裸露出来。然后再去掉剩余氧化硅区域上保护其不被腐蚀的光刻胶。这时硅片上的部分区域被 SiO_2 保护，而在氧化物窗口中的裸硅则用于随后的掺杂。

2.3.4 掺杂与扩散

集成电路的制作实际上就是向硅片中所需区域引入杂质离子，进而形成各种半导体元件。杂质原子的引入一般由两步工序完成：首先，通过离子注入、气相沉积或在硅表面涂覆含有掺杂剂的涂层而将杂质原子引入硅表面；其次，通过推进扩散使杂质原子在硅片中重新分布。半导体器件的特性强烈地依赖于杂质分布，而硅片最终的杂质分布主要由硅表面杂质的初始状态决定，扩散深度则主要取决于推进扩散的温度和时间。

离子注入是在半导体中引入杂质原子的一种可控件很强的方法，被注入的杂质原子首先被离化，然后通过电场加速获得高能量（典型值为 25～200keV）。这些高能离子束轰击半导体表面，进入暴露的硅表面区域。离子注入时采用的掩蔽材料可以是氧化硅或集成电路本身结构中的其他材料；由于离子注入对硅片的加热不严重，光刻胶仍可用做芯片上选择性离子注入的掩蔽膜。离子的穿透深度通常小于 1μm、离子注入时晶体会受到严重的损伤，因此必须用褪火工艺来修复晶格的损伤，以保证注入的杂质原子替代硅的位置，作为施主或受主。

离子注入后，硅中的杂质原子只要具有足够的能量就可以在晶体中迁移，它们将从初始积淀的高浓度区向硅片深处的低浓度区扩散。当热处理温度达到 800～1000℃时，会发生显著的杂质原子扩散运动，这些原子将在硅片中进行重新分布。

2.3.5 薄膜层制备

尽管集成电路的基本元件可以通过氧化、光刻和扩散形成，更复杂的结构还要求在已形成集成电路的部分区域上面灵活地增加导电层、半导体层或绝缘层等薄膜层。这些薄膜层的制备也是集成电路制造过程中的一项重要任务。

半导体薄层分为单晶薄层和非单晶薄层，非单晶薄层又包括多晶薄膜和非晶薄膜两种。非单晶薄层的制备对衬底材料一般没有特殊要求，对温度等其他工艺条件的限制也比较宽松。而单晶薄层的生长对衬底材料和生长温度等条件都有比较严格的要求，因为淀积原子要按照严格的晶格周期性排列起来，跟晶锭制备一样也需要籽晶的引导。对单晶薄层的生长来说，籽晶就是与生长薄层具有相同或相近晶体结构的单晶片。因此，单晶薄层的生长犹如衬底晶片的延拓，于是把这种薄层生长工艺称为晶体外延，是最重要的半导体薄层生长技术。不同单晶衬底上进行的外延称为异质外延，在相同单晶衬底上进行的外延称为同质外延。根据向衬底表面输送外延原子的方式，半导体薄层的外延生长分为气相外延、液相外延、固相外延以及分子束外延和离子团束外延等。

气相外延利用化合物气体在适当高的温度下通过热解或置换等化学反应产生晶体生长所需要的物质源。如果在气体中按适当比例掺入杂质气体，生长出来的外延层即含有适量的杂质而具有希望的导电类型和电阻率，改变掺杂气体的性质和比例即可实现对外延层导电类型和杂质浓度乃至浓度梯度的有效控制。因此，气相外延为半导体器件的制造提供了很大的灵活性。如硅集成电路基本上都是用 Si 的气相外延层来制造的，即将 $SiCl_4$ 蒸气通入反应室，在 1200℃ 高温下与 H_2 反应，被还原出来的 Si 沉积在单晶衬底上形成单晶硅薄层。

液相外延是将衬底晶片浸没在外延材料的低温熔体中生长单晶薄层的一种薄膜生长方法。由于混合物可能比它的某个组成物质的熔点低得多，因而可以利用这一热力学特性来实现晶体薄层的低温生长。如 GaAs 的熔点是 1237℃，而富镓 GaAs（GaAs 和金属 Ga 的混合物）的熔点则会随着 Ga 含量的增加而明显降低。将 GaAs 或具有相同晶体结构的其他晶片作为籽晶浸没于富镓低温 GaAs 熔体中，随着温度的缓慢降低，就会有 GaAs 从熔体中离析出来，并沿衬底表面生长一层新的 GaAs 晶体。随着 GaAs 的析出，混合物中 Ga 的比例越来越高，其熔点也就越来越低，GaAs 的外延生长也就会持续进行下去，直到最后几乎只剩下金属 Ga。三价元素 Ga 和 In 的熔点都相当低，分别只有 30℃ 和 157℃，富镓的 Ga 化合物和富铟的 In 化合物都会因之而降低熔点。因而液相外延法比较适合于 Ga 和 In 的化合物薄层的制备。

固相外延使用的生长源为固体，它不需经过固-液或固-气相变，而是直接或通过固体中间介质向生长界面输运生长物质。固相外延系统包括有两种可能的形式：即固体生长源直接与生长表面接触，或固体生长源与生长表面之间隔一层由其他固体物质构成的输运介质。

绝缘层上硅（silicon on insulator，简称 SOI）是一种新型的硅芯片材料。它有两种基本结构，一种是直接在绝缘衬底上形成一层单晶半导体硅薄层，另一种是 SiO_2 绝缘薄层嵌于两层材料之间的三层结构。SOI 材料的制备方法有同质外延和异质外延技术（如蓝宝石外延硅技术、气相沉积技术和外延横向过生长技术等）、非晶硅与多晶硅的再结晶技术（如区域再结晶、激光束再结晶等）、硅片键合技术、硅单晶的氧化与 SiO_2 隔离技术等。SOI 的主要优点是寄生电容小、功耗低、集成度和电路速度高、抗辐射和耐高温性能好。随着信息技术的发展，SOI 材料在高速、高温、低压、低功耗、抗辐射电子器件和微机械光通信器件中的应用优势日益显著，因而 SOI 技术被公认为 21 世纪的微电子技术。

除了外延技术，导电层、半导体层或绝缘层还可用化学气相沉积（CVD）、物理气相沉积（PVD）等方法来制作。集成电路中需要由导电层来连接各器件，而绝缘层的沉积则可以避免引入杂质原子在后续高温热处理过程中被氧化。

2.3.6 互联与封装

为了制造集成电路，用平面工艺制作的单个器件必须用导电线相互连接起来，这一过程通常称为互联或金属化。最简单且应用最广泛的互联方法是减法工艺：首先去除接触孔处的 SiO_2 层以暴露出硅，然后采用物理气相沉积法（PVD）在表面淀积一层金属来实现互联。随着芯片集成度的不断提高，必须采用多层互联技术才能实现复杂电路的构建。多层互联时，一般第一层金属用于连接器件本身（通常是在硅或多晶硅的势垒层上），第一层金属上通常覆盖有二氧化硅绝缘层；去除金属层之间互联区上的绝缘层，然后将第二层金属淀积在上面并图形化；接着再淀积绝缘层和金属层并图形化，如此不断重复，最终构成复杂的多层金属化互联系统。目前具有五层金属的电路已经很普遍，人们希望采用八层或更多的金属互联层。

上述工序完成后，经最终测试及封装，即制成可实用的集成电路芯片。

2.4 集成电路芯片材料

在集成电路中，电阻、电容和电感等无源元件以表面膜的形式淀积在平整的绝缘基体上，并在表面组装晶体管等有源元件。集成电路中的各种具有运算功能的门电路因直接参与集成电路运算和操作而起主体作用，而内导线连接、微组装、基片、引线和封装体等附属性材料则间接参与或为主体部分发挥作用而起辅助作用。随着微电子技术的发展，分立元件部分逐渐成为集成电路中很重要的部分，厚膜电子浆料、引线框架和引线材料、封装及封装材料以及基片衬底材料等附属材料对微电子技术发展的作用和影响越来越大。

2.4.1 厚膜电子浆料

厚膜集成电路中，半导体集成电路块和分立元件组装于有厚膜元件的绝缘基片上。厚膜元件由浆料组成，它以确定的图样采用丝网印刷技术印刷于基片上，经烧结形成一系列无源元件，膜厚通常为 $10\sim50\mu m$。按照功能不同，厚膜电子浆料可分为导体浆料、电阻浆料和电介质浆料三种类型。

厚膜电子浆料一般由结合剂、载体和功能元素组成。结合剂为玻璃釉料，其作用是形成厚膜浆料中的绝缘体，并利用其黏度随温度升高而稳定性下降的特性，来控制浆料的高温流动特性和充分润湿功能组分颗粒。载体为有机溶体和增塑剂，它用来调节浆料的黏度特性及细丝网印刷特性，不仅保证浆料顺利、均匀、准确地印刷在基片上，而且使印刷花样在烧结过程中有足够的强度，不产生变形。功能元素则是由金属、合金、氧化物或其他陶瓷化合物组成。在厚膜浆料中，结合剂与功能元素的类型和相对比例将决定其为导体、电阻还是电介质。玻璃釉、结合剂与金属等功能元素均为球形颗粒，在确定的颗粒范围内（如 $<10\mu m$），颗粒尺寸按一定比例分布，为使浆料混合均匀，顺利通过丝网，这些极细的粉末为均匀的圆球形，且表面光滑。

导体浆料的作用主要有连接厚膜混合电路上的片状元件、形成终结电阻、为分立元件组装连接提供垫基以及形成厚膜电容器等。其应用包括微波带、电阻端点、导体底层、多层导体、纵横复合导体、电容底板、电容顶板、开关触点、线路连接、基面和钎焊等。导体浆料在厚膜电路中用量最大、用途最广。

电阻浆料的应用仅次于导体浆料，浆料的厚膜电阻在 $1\Omega/\square \sim 1M\Omega/\square$ 的范围变化，几乎可以满足模拟电路或数字电路的任何需求。常用的电阻浆料常含钯、银、氧化钯、氧化钌、氧化铱、氧化铼和氧化铅等功能元素。

电介质浆料用于多层导体间的相互绝缘，厚膜电容器中的介电材料及涂覆包封釉等。相间电路间不希望有电容性，故相间电介质通常选择 $MgTiO_3$、$ZnTiO_3$、$CaTiO_3$ 等低介电常数材料。而电容性电介质中则加入一定量的 $BaTiO_3$ 来提高介电常数。介电材料也用作厚膜电路的最终玻璃包封，为印刷电阻和电容提供保护。包封涂覆由玻璃态材料组成，其熔点远低于厚膜浆料的熔点，烧结温度为 $450 \sim 500\,℃$。

2.4.2　引线框架和引线材料

集成电路封装时，必须把其电路中大量的端头从密封体内引出，为使封装电路牢固可靠，这些引出线要求有一定的强度，成为封装集成电路的骨架，因此它们被称为引线框架。在实际生产中，为了提高生产速率，引线框架通常在一条金属带上按特定的排列方式连续冲压而成。

引线框架材料需要满足以下特性：引线框架材料要具有较高的强度和一定的塑性，以保证材料有足够的刚度和成形性；引线框架材料需具有较低的热膨胀系数、良好的匹配性、钎焊性和耐蚀性，同时还要有良好的导电导热性能，以保持芯片良好的散热能力；由于框架材料的用量极大，故成本应尽可能低。常用的框架引线材料有 Fe-Ni-Co 可伐合金、Fe-Ni42 及 Cu 合金等。随着集成电路集约化、微型化、精细化要求越来越高，引线框架新材料的开发十分活跃，如纤维增强铝合金、Fe-Ni42 复铝条、可伐复银铜、可伐复铜、不锈钢复铜等复合材料。它们能充分利用基体材料高强度、低热膨胀系数和复合层金属良好的导电导热的特性，因而具有良好的综合性能。

集成电路与引线框架的连接通常用金属引线接合法，它利用极细的金属丝将框架引线端与半导体集成电路的端点进行焊接连接。引线接合法所用丝材品种易于改变、生产率高且易于控制，因此广泛用于晶体管、集成电路、大规模集成电路的组装中。封装方式不同，所用引线材料也不同，如采用树脂封装时选用 Au 丝，采用陶瓷封装时用 Al 或铝合金丝等。随着集成电路的线宽达到 $0.13\mu m$ 以下，Al 引线的电阻和分布寄生效应造成的信号延迟和功耗损失等问题制约了集成电路运行速度的提高，因而开始利用导电性更好的 Cu 引线技术来满足实际应用的需要。

2.4.3　封装及封装材料

为了抵御外部的侵扰，如极端温度、压力、振动、冲击、腐蚀、摩擦、污染、辐射、光及不希望的电压或信号等，保证集成电路元器件的正常工作，需要对元器件进行封装。同时，封装还应该能够防止微电路局部的高电压、射频或发热对邻近器件或人体产生的伤害。因而，封装可以将集成电路内部元件与外界环境隔离、保护内部元件免遭外部危险触及，并为内外电路提供电气连接。

按封装所选用的材料类别，可将封装分为塑料封装、金属封装、陶瓷封装和玻璃封装。塑料封装适用于成本低的娱乐设备和中等可靠性工业设备，而其他几种封装形式则主要用于军事、宇航等高可靠性的场合。金属封装的密封性良好，还有电磁屏蔽作用，但缺点是成本较塑料封装高。陶瓷封装的电绝缘性好，成本低。玻璃封装类似于陶瓷封装，但因玻璃比陶瓷更脆，一般不用于大型电路，多用于小型电路的扁平封装，其封装的电路往往是单片集成电路。

2.4.4 集成电路基片材料

各种厚度和薄膜集成电路都是在绝缘基片上制作电路的。半导体集成电路除了用硅片作衬底外，也要用到绝缘的封装基片。

集成电路基片材料有许多要求，其中主要为：电绝缘性能好、机械强度大、高频特性好、热膨胀系数与晶体管材料相近、化学稳定性好、热传导性能好、价格低等。适合于作集成电路基片的材料有陶瓷材料、有机材料和涂层金属材料。其中，使用陶瓷材料做基片在满足上述各项要求的综合性指标方面比较优越，较常用作集成电路基片的材料有 Al_2O_3、BeO、$MgSiO_3$（块滑石）、Mg_2SiO_4（镁橄榄石）、AlN、SiC 等。

Al_2O_3 基片价格低，耐热性、热传导率、机械强度、耐热冲击性、电绝缘性、化学稳定性等都比较好，制作和加工技术比较成熟，因而使用最为广泛。Al_2O_3 基片中含 Al_2O_3 $90\%\sim99.5\%$，Al_2O_3 含量越高，上述特性越好，但所需烧结温度也愈高，制造成本也增高。目前，Al_2O_3 陶瓷可用作厚膜电路基片、薄膜电路基片和多层基片。

在陶瓷材料中，金刚石和 BN（氮化硼）的热导率比金属大，而 SiC、BP（磷化硼）、BeO、AlN 等的热导率不比金属差。由于金刚石和 BN 价格昂贵，难以大量用作集成电路基片，而 BP 受热后不稳定，BeO 有毒，SiC 则电阻率较低，因此 AlN 被认为是最有发展前途的高热导性陶瓷基片。与 Al_2O_3 相比，AlN 具有同样的优异性能，而电阻率较高，介电常数较低，热导率较高（为 Al_2O_3 的 $3\sim10$ 倍），热膨胀系数较低（接近晶体管材料 Si），成为较为优越的集成电路基片材料。此外，采用 GaN 材料制作的器件具有能在高温（工作温度大于 300℃）和恶劣条件下工作的能力，同时还具有很高的电子饱和速度，可明显提高器件响应速度和功率，在高温电子器件方面拥有广泛应用前景。

Al_2O_3 基片可以与导体同时烧成，但能承受 1500℃高烧结温度的导体材料只有 W、Mo 等高熔点金属，它们的电阻率都较高。制成的集成电路基片由于配线中电压降大而使动作的动力范围变小，因而不能使导体线幅进一步变窄以实现高密度配线。同时，还必须在还原气氛中烧成，使基片价格升高。因此，开发低温烧结基片就很有必要。低温烧成基片是使用烧结温度低于 1000℃ 的陶瓷基片。由于烧结温度低，因而可使用 Au、Ag、Cu 等低电阻率的金属做配线材料。目前低温烧成基片主要有：硼酸锡钡陶瓷、氧化铝-硼酸铅微晶玻璃陶瓷、氧化铝-非玻璃质添加物系材料等。

非陶瓷质基片是新发展的一种热导率高、脆性低而价格低廉的基片，适用于消费类电子产品。根据结构可分为瓷釉钢基片、金属-聚合物厚膜基片、等离子焰喷涂基片、绝缘金属基片等。

瓷釉钢基片是在 $1\sim2mm$ 厚的钢片上被覆 $150\mu m$ 厚的釉层以制作大面积基片；金属-聚合物厚膜基片则是采用丝网印刷工艺在 1mm 厚的铝片上被覆 $60\mu m$ 厚的聚酰亚胺膜层；等离子焰喷涂基片是在 2mm 厚的铝片上用等离子焰喷涂 $150\mu m$ 厚的 Al_2O_3 膜层；而绝缘金属基片则是在 $1\sim2mm$ 厚的铝片两面形成各厚 $20\mu m$ 的 Al_2O_3 膜层，用环氧树脂将铜箔粘到铝片上作导体，这种技术可采用双层布线工艺。

2.4.5　其他微电子芯片材料

集成电路制作所需的材料还包括栅结构材料、存储电容材料、钝化层材料等。

栅结构是 CMOS 器件中最重要的结构之一，包括栅绝缘介质层和栅电极材料两类。栅绝缘介质层要求具有缺陷少、漏电流小、抗击穿强度高、稳定性好、与 Si 有良好的界面特性和界面态密度低等特点。SiO_2 作为性能优良的栅绝缘介质材料，自 MOSFET 器件发明以来一直得到广泛应用。随着器件特征尺寸的不断缩小，尤其是进入深亚微米（$0.1\mu m$）尺度范围后，一种新型的栅绝缘层材料——氮化 SiO_2（SiN_xO_y）应运而生，它具有更大的介电常数、更低的漏电流密度和更高的抗老化击穿特性，能较好解决硼掺杂 PMOS 多晶硅栅中硼离子扩散的问题，对于帮助解决 MOSFET 器件的短沟效应具有重要意义。在集成电路发展初期，一般采用金属铝作为 MOSFET 的栅电极，此后又大量采用可耐高温的多晶硅作为栅电极材料。随着器件尺寸的不断缩小和电路速度不断提高，利用难溶金属硅化物（如 Ge_xSi_{1-x}）以及 W/TiN 等新型栅电极材料也开始引入关注。

存储电容是数字电路中的动态随机存储器和模拟电路中的重要部件，SiO_2 是传统的电容介质材料。随着器件特征尺寸的不断缩小，存储电容的面积也需要不断缩小，因此 $(Sr,Ba)TiO_3$、$Pb(Zr,Ti)O_3$、$SrBi_2Ta_2O_9$ 等一些高介电常数铁电材料也被用于开发新的电容绝缘介质层。

钝化就是在不影响集成电路性能的情况下，在芯片表面覆盖一层绝缘介质薄膜，旨在减少外界环境对电路的影响，使集成电路保持长期稳定工作。SiO_2 是早期双极型集成电路的有效钝化层材料，后来又改用能阻挡钠离子玷污和水气侵蚀的 Si_3N_4 材料。随着集成电路发展到深亚微米阶段，目前越来越多地采用 SiN_xO_y 作为新的钝化层材料，在尽可能保持 Si_3N_4 优点的同时降低钝化层的应力，以获得较好的钝化效果。

第 **3** 章 光电子材料基础

3.1 光电子技术概述

光电子技术是现代信息科学技术中的一个重要分支，它是由光学和电子技术相结合而形成的一门高新技术，已成为世界各国竞相发展的现代高科技的一个重要组成部分。

光电子技术是电子技术的一个分支，它涉及电磁波谱的光波段，即红外线、可见光、紫外线和软 X 射线部分的电磁辐射，即从 3×10^{11} Hz 到 3×10^{16} Hz 的频率范围。20 世纪 60 年代激光问世后，光电子技术得到飞速的发展。特别是 20 世纪 70 年代以后，由于半导体激光器和光导纤维技术的重大突破，导致以光纤通信为代表的光信息技术的蓬勃发展，促进了相应各学科的发展和彼此间互相渗透，于是光电子学这门新的综合性交叉学科便从光学、电子学领域中脱颖而出。

光电子技术是伴随着光通信及信息科学的发展而发展起来的，现代社会信息量的极大丰富导致人们急切寻求容量更大的信息传输和存储方式。由于光波比传统信息传输用无线电波和微波拥有更短的波长，通信频带更宽，可承载的信息量更大。同时光通信还具有抗干扰能力强、保密性好、记录密度大、可传输二维图像等优点，因而在信息量猛增的情况下，近年来光电子技术得到了迅猛的发展，涉及信息探测、传递、存储、显示等各领域，在工业、国防、科学技术等领域发挥越来越重要的作用。

光电子材料是应用于光电子技术的材料的总称，是指具有光子和电子的产生、转换和传输功能的材料。光电子材料品种类别很多，按照其使用功能来分，有激光材料、光电探测材料、光学功能材料、光纤材料和光电显示材料等。光电子材料是光电子技术的先导与基础，光电子材料的研究与发展，对光电子技术起着重要的推动与促进作用。

3.2 半导体的光学性质

3.2.1 半导体的光吸收特征

当光照射到半导体上的时候，一部分入射光被表面反射，剩余的或被半导体吸收或透过半导体。半导体种类的不同，光反射和透射的比率也不同。此外，入射光强度不同，所产生的现象也不同。如果强光照射到半导体上而被吸收，则可以看到不同波长的发光现象等。不同种类的半导体材料、不同波长和强度的入射光，都会导致光和半导体不同的相互作用。

决定半导体和光相互作用的主要是能带结构。无论是低频电波，还是微波、红外线、可见光、紫外线、X 射线等电磁波，由于它们的波长不同，拥有的能量不同，将会对半导体晶格和各种状态的电子产生不同的影响，显示出各自的光响应特性。如 X 射线的波长很短，将会激发原子核外的内层电子跃迁；而波长较长的微波和远红外线将会激发晶格振动。决定半导体光学性质的最重要的波长在红外线到可见光的范围内，几乎所有半导体的带隙能量都处于这个波长范围内。

图 3-1 为半导体的吸收光谱，它展现了半导体中电子与光的相互作用。随着入射光的能量增加，依次可以观察到自由电子和空穴引起的吸收、杂质能级间的吸收、声子吸收和由激子引起的吸收；在高能量区域还可以看到强烈的带间吸收。图 3-2 所示的半导体能带图则说明了与这些吸收有关的电子跃迁过程，它反映了半导体能带状态密度和电子分布。

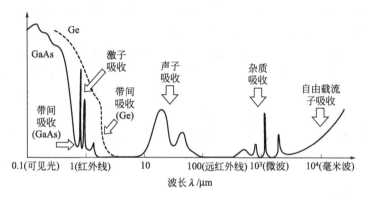

图 3-1　半导体的吸收光谱

用波长较长、能量较低的毫米波或微波照射半导体表面时，分别会产生自由载流子吸收和杂质吸收。自由载流子吸收是重要的和最普通的一种带内电子跃迁光吸收过程，半导体导带中电子数量较少时，自由电子吸收相应减少。杂质能级间的吸收则随杂质的种类和浓度的改变而发生较大的变化。声子是描述晶格振动的格波能量量子，声子吸收即反映了晶格振动引起的光吸收。随着入射光能量的升高，可在半导体中产生激子吸收。激子（exciton）是指一种中性的非传导电的束缚状的电子激发态，互相作用着的电子和空穴可以形成束缚态，导致在半导体形成从价带到接近导带底的激子能级。在紫外和可见光波段（窄禁带半导体可在红外波段），是一个电子从价带跃迁到导带而引起的强而宽的吸收，称为带间吸收；由于此处的吸收光谱曲线相当陡峭，故又称之为吸收边或吸收限，这是半导体吸收光谱中最为突出的一个特征。

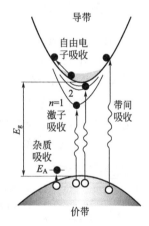

图 3-2　光吸收的过程

半导体的带间跃迁有两种形式：InSb、GsAs、HgTe、CdTe、$Cd_x Hg_{1-x} Te$ 和 PbS 等直接跃迁型半导体吸收附近吸收光子诱发的电子从价带到导带的跃迁，可以在没有其他准粒子参与的情况下完成；而 Ge、Si 和 GaP 等间接跃迁型半导体则需要在其他准粒子的帮助下才能完成从价带到导带的跃迁。

3.2.2　半导体的发光机理

半导体发射光的前提条件是其电子状态的激发，这种激发可以通过光吸收来实现，也可通过电流注入或电子束注入等来实现。由光吸收（光激发）导致的光发射称为光致发光，由电流注入或雪崩导致的光发射称为电致发射，而由电子束激发导致的光发射则称为阴极射线发光。

半导体载流子通过光或注入电流等被激发到较高能级后具有一定的寿命，然后将释放能量回到低能级状态。这种回复过程可通过发射光子来实现辐射复合，也可通过向晶格发射声子并产生热量来实现非辐射复合。发光辐射复合时间较短、仅在激发过程中才发光的称为荧光；而辐射复合时间很长、在激发停止后发光还持续一定时间的则称为磷光。在 Si 和 Ge 等间接跃迁型半导体中，其辐射复合寿命远大于非辐射复合寿命，如 Si 的少数载流子辐射复合寿命在本征半导体中长达几个小时，因此难以制成发光器件。而 GaAs 等直接跃迁型半导体的辐射复合寿命就很短，如 GaAs 的少数载流子辐射复合寿命在本征半导体中只有 $2.8\mu s$，在掺杂的 N 型 GaAs 中更是短至几个纳秒。

辐射型复合包括电子与空穴之间的复合、通过杂质能级的复合、通过相邻能级的复合以及激子复合等。导带的电子和价带的空穴之间的带间复合发光是半导体中主要的辐射复合发光，这类复合又分为直接跃迁型复合和必须通过其他粒子帮助才能实现的间接跃迁型复合两种。与杂质或缺陷相关的辐射复合通常被称为非本征辐射复合，主要有导带-受主间辐射复合、施主-价带间辐射复合、施主-受主对辐射复合等，它们对半导体发光性能的影响也十分显著。

3.3 激光材料

3.3.1 激光原理

激光是 20 世纪 60 年代发展起来的新型光源，其英文名称 laser 是 "light amplification by stimulated emission of radiation" 的缩写，意思是 "受激辐射光放大"。激光也是一种光，具有反射、折射和衍射等普通光所拥有的光学特性，但激光的产生又和普通光的发光机理不同，具有许多普通光所没有的特点。激光的发明，把电子学推到了光频波段，催生了光电子学，进而开辟了光电子技术新领域。

原子核外围绕着许多电子轨道，电子都是在具有一定电子能级的轨道上运行，这些电子

图 3-3 原子能级示意图

运动的轨道是分立的、不连续的。图 3-3 为原子能级示意图，图中 E_0 为基态能级，E_0 能级以上各能级 E_1、E_2、…、E_n 等为高能级，也称为激发态。在正常条件下，大多数原子处于基态，只有极少数原子处于激发态，越高的能级上原子数目越少，这种分布称为粒子数的 "正常分布"。如果在特殊条件下，用某种方法使原子在能级上的分布倒过来，即使处于高能级的原子数目大于处于低能级上的数目，这种分布称为粒子数的 "反转分布"。拥有较高能量的激发态原子如要跃迁到较低能量的基态，就需要释放一定的能量，如果是通过发射光子来释放能量的，便产生了发光现象。

处于激发态能级的原子是不稳定的，需通过各种辐射跃迁到较低的能级上去，因此原子在激发态只能停留有限的时间，其停留时间的平均值称为激发态的平均寿命，一般为 $10^{-8}\sim10^{-7}s$。如果原子的某些激发态能级与较低能级之间只有很弱的辐射跃迁，而且它的平均寿命很长（如 $10^{-3}s$ 或更长），就称这种激发态为亚稳态。

光与原子之间的作用，包括三种不同的过程，即受激吸收、自发发射与受激发射过程。处于低能级的原子受到外来光的照射，吸收光子，能量增大，并跃迁到高能级上 [图 3-4(a)]，即形成光的吸收。如果在不受外界影响的情况下，原子自发地由高能级向低能级进行辐射跃迁并发射光子，即产生光的自发发射过程 [图 3-4(b)]；自发发射的光子的频率与入射光子相同，但在位相、振动方向、传播方向、发光时间等均不相同，属于非相干光。如果处于高能级 E_2 的原子受到能量为 $h\nu = E_1 - E_0$ 的光子照射而由高能级 E_1 跃迁到低能级 E_0，同时发射一个光子的过程，并连同入射光子变成两个光子 [图 3-4(c)]，即为光的受激发射过程；由受激发射产生的光子与入射光子的方向、频率、位相和偏振都完全相同。

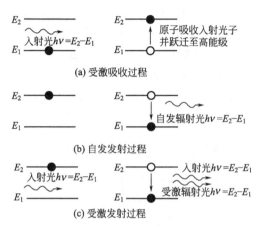

图 3-4　原子的受激吸收、自发发射与受激发射

一个处于热平衡的粒子体系，这三种过程是同时存在的。在普通光源中，自发辐射占优势。如要使受激辐射占优势，就要求处于高能级的粒子数占优势，即实现粒子数的反转分布。激光介质的能级结构包括有三能级系统和四能级系统，以三能级系统的红宝石(Cr^{3+}：Al_2O_3) 晶体的为例，在图 3-5(a) 中，E_1 表示基态，E_2、E_3 为激发态，其中 E_2 的寿命比较长，约为 10^{-3} s，即为亚稳态。而 E_3 的寿命很短，只有 10^{-9} s。如果有外加能源能使处于基态的 Cr^{3+} 吸收一定的能量，跃迁到激发态 E_3，则粒子将迅速由 E_3 跃迁到 E_2 能级并停留较长时间，即可实现粒子数反转。要使 Cr^{3+} 大量迅速地从 E_1 跃迁到 E_3 能级，就要向粒子系统不断输入能量。被激发的 Cr^{3+} 只有极少一部分从 E_3 跃迁回 E_1，绝大多数都由 E_3 跃迁至 E_2 亚稳态上，使 E_2 对 E_1 实现粒子数反转。此时如有一个能量为 $E_2 - E_1$ 的光子照射处于 E_1 的 Cr^{3+}，即发生受激辐射，放出一个与入射光子完全相同的光子，1 个变 2 个，2 个变 4 个，导致雪崩式的受激发射。与三能级系统不同，四能级系统的一对激光能级 E_3 和

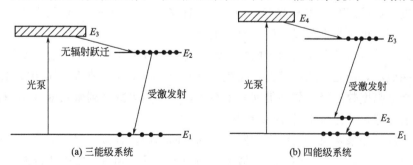

图 3-5　激光能级结构

E_2 均是激发态 [图 3-5(b)]，激光下能级不再是基态能级，该能级上基本没有粒子存在，这样就使得粒子数反转分布更容易实现，激光阈值相对于三能级系统要低得多。因此现在绝大多数的激光器都采用四能级系统。

实现粒子数反转分布只是提供了激光产生的条件，为了获得有实用价值的激光束，必须使物质中发生的受激发射在光学谐振腔中形成振荡，形成强大的光束输出，即形成激光。因而激光器主要由三个部分组成，即激光工作物质、泵浦源和谐振腔（图 3-6）。激光工作物质（或称工作介质）是产生光受激发射的物质，包括气态、液态和固态的工作物质。泵浦（激励）源则供给工作物质以能量，使原子（分子）被激发到高能级，得以实现粒子数反转；常用的激励方式包括光激励方式、气体辉光放电或高频放电方式、直接电子注入方式和化学反应方式等，此外还有热激励、冲击波、电子束、核能激励等。谐振腔是由两个平面镜或球面镜构成，一端反射镜为 100％的反射率，另一端是部分反射，激光就是从这一端输出；谐振腔的作用就是使受激发射的光在腔内不断地来回反射，每经过一次工作物质光就得到一次放大，当光放大超过光损耗时（如衍射、吸收、散射等损失），就产生光振荡，并在半反射镜一端实现激光输出。

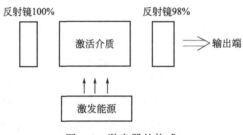

图 3-6 激光器的构成

3.3.2 激光的特性

作为光源的一种，激光与普通光源产生的光一样拥有折射、反射、衍射等光学现象。但作为受激发射而产生的一种特殊光源，它又拥有许多特殊的光学特性，如高度的单色性、方向性、相干性、瞬时性和亮度等。

（1）单色性 单色性为光源发出的光强按频率（或波长）分布曲线狭窄的程度，通常用频谱分布的宽度即线宽来描述。线宽越窄，光源的单色性越好。在普通人造光源中，单色性最好的是同位素氪（^{86}Kr）灯，它的 605.7nm 谱线的线宽有 0.00047nm，而一台稳频 He-Ne 激光器 632.8nm 谱线的激光输出线宽只有 10^{-8} nm。激光优异的单色性，可用来精确测量物体的长度。如采用 ^{86}Kr 灯作光源，最大测量距离只有 38.5cm；而采用 He-Ne 激光器作为光源，测量距离可达几十公里，而且误差很小。

（2）方向性 方向性即光束的指向性，常以光束的发散角大小来评价。普通光源中方向性最好的为探照灯，把光源放在凹面反光镜的焦点上，其光束发散角有 0.01rad；而激光的发散角一般为毫弧度数量级，如果借助光学系统，发散角可减小到微弧度（10^{-6}rad）量级。如用激光照射月球，其光斑不过 2km 大小。

（3）相干性 如果两束光波频率相同、振动方向相同，且位相保持恒定，则可以产生干涉。激光的单色性好，特别是同一激光器发出的激光，具有相对固定的相位差，使得激光的相干性非常好。相干性又分为时间相干性和空间相干性。所谓时间相干性是指空间同一点的两个不向时刻的光场振动是完全相关的、有确定的相位关系；空间相干性是指在光束整个截面内任意两点间的光场振动有完全确定的相位关系。激光集高度的单色性和方向性于一身，是优良的强相干光。

（4）瞬时性　瞬时性是指光脉冲宽度的可压缩性。数字通信中的信号形式是以光脉冲方式实现的，脉冲越窄，数字通信的容量就越大。激光的高度瞬时性是指光能量在时间上的高度集中，即短时间里发射足够大光能量的能力。光频率越低，脉冲压缩越困难；而频率越高，则脉冲压缩越容易。激光脉冲很容易做到纳秒量级，随着激光脉冲压缩或超短脉冲技术的发展，激光脉冲越来越窄，皮秒（$1ps = 10^{-12}s$）和飞秒（$1fs = 10^{-15}s$）激光器应运而生。目前的激光脉冲已可达 6fs。

（5）亮度　亮度是表征面光源在一定方向范围内辐射功率强弱的物理量。在现有的人造光源中，高压脉冲氙灯的亮度比太阳亮度高 10 倍，而一支功率仅为 1mW 的 He-Ne 激光器的亮度则比太阳约高 100 倍，一台巨脉冲固体激光器的亮度可以比太阳表面亮度高 10^{10} 倍。激光束具有在很窄频率范围和很短时间间隔内向很小空间区域倾注高能量的能力，成为微细精密加工、医学光刀、激光武器的物理基础。

3.3.3　常用激光器

激光器的种类很多，如按激光工作介质的不同来分类，可分为固体激光器、气体激光器、液体激光器、半导体激光器等。

固体激光器通常是指以均匀掺入少量激活离子的光学晶体或光学玻璃作为工作物质的激光器。真正产生受激发光的是激活离子，而晶体或玻璃则作为提供一个合适配位场的基质材料，使激活离子的能级特性产生对激光运转有利的变化。固体激光器普遍采用光激励方式，以非相干的气体放电灯为激励光源。通常脉冲激光器采用脉冲氙灯，连续激光器采用氪弧灯作光泵。放电灯的发射光谱覆盖很宽的波长范围，但只有与激光工作物质吸收波长相匹配的波段的光可有效地用于光激励，产生粒子数反转。红宝石激光器是世界上第一台激光器，钕激光器（包括 Nd^{3+}：YAG 晶体和钕玻璃激光器）则是目前发展最为成熟、应用最成功的一种激光器。激光器的发光特性主要由激活离子的能级结构决定，红宝石激光器和 Nd^{3+}：YAG 激光器分别产生 694.3nm 和 $1.06\mu m$ 的激光［图 3-7(a)、图 3-7(b)］。掺钛蓝宝石（钛宝石）激光器则是一种可调谐固体激光器，其能级结构为四能级系统［图 3-7(c)］，E_3 是激光上能级，E_2 是激光下能级，其中激光下能级由于基质配位离子的作用构成了准连续的能带；由于受激发射时由原子上能级激发至下能级，输出的激光波长取决于能带中哪一个能级作为终端能级，这样激光器就可通过在激光腔中插入波长选择元件来实现可调谐输出，

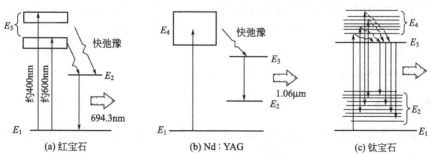

图 3-7　红宝石、Nd^{3+}：YAG、钛宝石能级图

在 680～1100nm 波长范围内实现连续可调。

气体激光器是以气体或金属蒸气为工作物质的激光器。气体的光学均匀性好，激活粒子的谱线窄，使得气体激光器的方向性、单色性都远比固体激光器好。但气体的激活粒子密度远比固体小，需要较大体积的工作物质才能获得足够的功率输出，因此气体激光器的体积一般比较庞大。由于气体工作物质吸收谱线宽度小，不宜采用发射连续谱的非相干光源泵浦，故通常采用气体放电泵浦方式。在放电过程中，通过高速电子与粒子碰撞将粒子激发到高能态，形成粒子数反转。此外，气体激光器还可采用化学泵浦、热泵浦及核泵浦等方式。He-Ne 激光器是继红宝石激光器出现后最先制成的气体激光器，属四能级系统。Ne 是激活粒子，He 是辅助气体，起提高泵浦效率作用。阳极和阴极通电后，通过毛细管辉光放电形成粒子数反转。在可见和红外波段可产生多条激光谱线，其中最强的是 632.8nm、$1.15\mu m$ 和 $3.39\mu m$ 三条谱线，632.8nm 谱线应用最多。Ar^+ 激光器是以电离的气体原子作为激活介质的激光器，采用大电流弧光放电激发，可产生 488nm 的蓝光和 514.5nm 的绿光。CO_2 激光器是最重要的一种分子气体激光器，其输出功率大、能量转换效率高（15％～20％），输出波长（$10.6\mu m$）正好处于大气窗口，因此广泛应用于激光加工和医疗（光刀），也可用于大气通信、激光雷达和激光武器等方面。

染料激光器采用溶于适当溶剂中的有机染料作激光工作物质，典型代表是溶于乙醇的罗丹明 6G 有机染料溶液。有机染料对紫外或可见光波具有很强的吸收带，激光上、下能级都是准连续的能带，因此具有很宽的调谐范围。使用不同的染料溶液，已在紫外（330nm）到近红外（$1.85\mu m$）相当宽的范围内获得连续可调的激光输出。

半导体激光器又称激光二极管，它以半导体材料作为激光工作介质，利用少数载流子注入产生受激发射。其激励方式有光泵浦、电激励等。半导体激光器从结构上可分为 PN 结激光器、异质结激光器、量子阱激光器和分布反馈激光器等。如按输出激光波长分类，可分成蓝光半导体激光器（如，InGaN：417nm）、红光半导体激光器（如，InGaAlP：580～680nm）、近红外短波长半导体激光器［如，AlGaAs/GaAs：780nm。GaInP（As）/GaAs：800nm。GaInAs/GaAs：980nm］、红外长波长半导体激光器（如，GaInAsP/InP、AlGaInAs/InP：$1.3～1.5\mu m$）、中红外波段半导体激光器（如，GaInAsSb/AlGaAsSb/GaSb 量子阱结构材料和 InGaAs/InGaAsP 应变量子阱结构材料：$2～3\mu m$）、中远红外半导体激光器（量子级联激光器：$4～17\mu m$）等。半导体激光器的体积小、寿命长、结构简单而坚固，因光纤通信和光存储的迅猛发展而得到了广泛的应用。

此外，化学激光器、自由电子激光器等激光器也备受关注。化学激光器的工作物质主要是氟化氢、氟化氘、氧碘等气体，化学物质本身蕴含巨大的化学能，反应时能释放大量的化学能并转化为收集发射，以获得高能激光，在军事上拥有巨大的应用潜力。自由电子激光器是直接由受控的电子束产生激光辐射，由于自由电子不受原子核的束缚和电子轨道的限制，激光功率和能量转换效率高，激光波长可通过改变电子束能量大小和磁场强弱的方法来调谐，调谐范围可从微波到红外、甚至 X 射线波段。

3.3.4 激光晶体

激光晶体从组成角度可分为掺杂型激光晶体、自激活激光晶体和色心晶体，其中掺杂型激光晶体应用最为广泛，地位最为重要。

（1）掺杂型激光晶体 掺杂型激光晶体由激活离子和基质晶体两部分组成。现有的激活离子主要有四类，即过渡族金属离子、三价稀土离子、二价稀土离子和锕系离子，常用的主要是前两类。

过渡族金属离子有 Ti^{3+}、Cr^{3+}、Cr^{4+}、Ni^{2+}、Co^{2+}、V^{2+} 等，这类金属离子中的 3d 电子没有外层电子屏蔽，在晶体中受到周围晶体场和外界场的直接作用。在不同类型的晶体中，其光谱特性有很大的差异。如 Cr^{3+} 在 Al_2O_3 晶体中的辐射波长是 694.3nm 的 R 锐线，但在一些弱晶体场基质晶体中的特征 R 锐线为宽带的发射带所取代，从而发展出一类新型的可调谐激光晶体。表 3-1 列出了掺过渡金属离子晶体的激光性能。

表 3-1 掺过渡金属离子晶体的激光性能

离 子	晶体基质	激光波长/nm	能级跃迁	离 子	晶体基质	激光波长/nm	能级跃迁
Ti^{3+}	Al_2O_3	680~1178	$^2E{\rightarrow}^2T_2$	V^{2+}	$CsCaF_3$	1240~1330	$^4T_2{\rightarrow}^4A_2$
	$BeAl_2O_4$	780~820			MgF_2	1050~1300	
	$YAlO_3$	610~630		Ni^{2+}	MgO	1310~1410	$^3T_2{\rightarrow}^3A_2$
Cr^{4+}	Mg_2SiO_4	1130~1367	$^3T_2{\rightarrow}^3A_2$		$KMgF_3$	1591	
	YAG	1195~1303			MgF_2	1610~1740	
		1420~1500		Co^{2+}	MgF_2	1630~2450	$^4T_1{\rightarrow}^4T_2$
Cr^{3+}	Al_2O_3	694.3	$^2E{\rightarrow}^4A_2$		$KMgF_3$	1620~1900	
	$BeAl_2O_4$	700~830			$KZnF_3$	1650~2070	
	$ZnWO_4$	980~1090	$^4T_2{\rightarrow}^4A_2$		ZnF_2	2165	
	$Gd_3Ga_5O_{12}$	760					

三价稀土离子主要有 Nd^{3+}、Pr^{3+}、Sm^{3+}、Eu^{3+}、Dy^{3+}、Ho^{3+}、Er^{3+}、Tm^{3+}、Yb^{3+} 等，其中 Nd^{3+} 是最重要的激活离子。与过渡金属离子不同，三价稀土离子的 4f 电子受到 5s 和 5p 外壳层电子的屏蔽作用，这种屏蔽作用减少了周围晶体场对 4f 电子的作用，但晶场的微扰作用使本来禁戒的 4f-4f 跃迁成为可能，产生吸收较弱和宽度较窄的吸收线，而从 4f 到 6s、6p 和 5d 能级跃迁的宽带吸收处于远紫外区。因此这类激活离子对一般光泵的吸收效率较低，为了提高效率必须采用一定的技术，如敏化技术、提高掺杂浓度等。

二价稀土离子有 Sm^{2+}、Er^{2+}、Tm^{2+} 和 Dy^{2+} 等，离子的 4f 电子比三价离子多一个电子，致使 5d 态的能量降低，4f-5d 跃迁的吸收带处在可见光区，这有利于对泵浦光的吸收。但二价稀土离子不太稳定，在高能辐照下易变价或产生色心，使激光输出性能变差。

锕系离子大多数是一些人工放射性元素，不易制备，且放射性处理复杂，目前仅 U^{3+} 曾有所应用。

作为激光基质晶体，要求具有良好的光学、机械和热学性能，以便能承受激光器严酷的工作条件。在探索激光工作物质时，人们首先把注意力集中在阳离子与激活离子的半径和电负性接近、价态尽可能相同、物理化学性能稳定、且能方便地生长出光学均匀性好的大尺寸晶体身上。在这些原则指导下，找到了一大批激光晶体。归纳起来，主要是氧化物和复合氧化物、含氧金属酸化物、氟化物和复合氟化物三大类。详见图 3-8 所示。

氧化物和复合氧化物基质晶体通常熔点高、硬度大、物理化学性能稳定，掺入三价激活离子时不需要电荷补偿，因而是研制最多、应用最广的一类基质晶体。如氧化物中的 Al_2O_3、Y_2O_3、La_2O_3、Gd_2O_3、Er_2O_3 等晶体，以及复合氧化物中的 $Y_3Al_5O_{12}$（YAG）、$Gd_3Al_5O_{12}$（GAG）、$Ho_3Al_5O_{12}$（HAG）、$Er_3Al_5O_{12}$（EAG）、$Lu_3Al_5O_{12}$（LAG）、$Y_3Ga_5O_{12}$（YGG）、$Gd_3Ga_5O_{12}$（GGG）、$Lu_3Ga_5O_{12}$（LGG）、$Gd_3Sc_2Ga_3O_{12}$（GSGG）、$Y_3Sc_2Gd_3O_{12}$（YSGG）、$YAlO_3$（YAP）、$LaAlO_3$、$GaAlO_3$、$GdScO_3$ 和 $YScO_3$ 等晶体，其中 Al_2O_3、YAG、GSGG 和

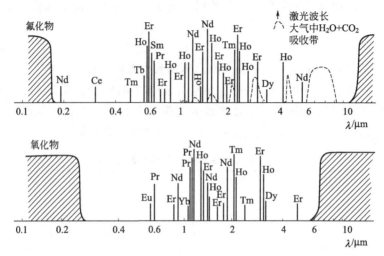

图 3-8　掺稀土离子激光晶体的激光发射波长和光学透过带

YAP 等晶体以获得了广泛的应用。

含氧金属酸化物基质晶体包括钨酸盐、钼酸盐、钒酸盐、铌酸盐、铍酸盐晶体等。继 Cr^{3+}∶Al_2O_3、U^{3+}∶CaF_2 和 Sm^{2+}∶CaF_2 晶体之后，1961 年在 Nd^{3+}∶$CaWO_4$ 晶体中获得了室温的受激发射。由于 Nd^{3+} 的激光终态比基态高 $2000cm^{-1}$，在工作温度下激光终态几乎没有被粒子填充，因而这种晶体的激光阈值极低，并能实现连续运转。目前，Nd^{3+} 已成为晶体激光器中最重要、应用最广的激活离子。同时，继 $CaWO_4$ 晶体之后，又发展出同属于白钨矿型结构的 $SrWO_4$、$CaMoO_4$、$SrMoO_4$、$PbMoO_4$、$Na_{0.5}Gd_{0.5}WO_4$ 等晶体，这些晶体均以三价稀土离子为激活离子，掺杂时需要考虑电荷补偿问题。此外，还发展了 $LiNbO_3$、$Ca(NbO_3)_2$、$LaNbO_4$、YVO_4、$Ca_3(VO_4)_2$、$Ca_5(VO_4)_3F$、$La_2Be_2O_5$ 等含氧金属酸化物晶体以及 $Ca_5(PO_4)_3F$、$Ca_2Y_8(SiO_4)_6O_2$ 等磷酸盐和铝酸盐基质晶体。其中 $LiNbO_3$ 属非线性光学晶体，因此 Nb∶$LiNbO_3$ 已发展成一种自倍频激光晶体。

氟化物基质晶体的熔点较氧化物晶体要低，晶体生长相对而言较容易。U^{3+}∶CaF_2 晶体是继 Cr^{3+}∶Al_2O_3 晶体后第二个获得激光的晶体。目前已发展了 BaF_2、MgF_2、SrF_2、MnF_2、ZnF_2、LaF_3、CeF_3 和 HoF_3 等氟化物激光晶体以及 $KMgF_3$、$KMnF_3$ 和 $LiYF_4$ 等复合氟化物激光晶体。同时，在氟化物中还发展了一类混合物激光晶体，它们是多组分的固熔体，如 CaF_2-SrF_2、CaF_2-YF_3、SrF_2-YF_3、CdF_2-YF_3、BaF_2-YF_3 和 CaF_2-ErF_3-TmF_3、SrF_2-CeF_3-GdF_3、CdF_2-YF_3-LaF_3、α-$NaCaYF_6$ 等固熔体。在这类基质晶体中，激活离子形成许多结构不同的激活中心，使激活离子的光谱展宽，其光谱特性与掺稀土离子的激光玻璃和无机液体非常相似，这样提高了工作物质对光泵的利用率和储能能力，其中有些晶体还具有独特的性能，如 Nd^{3+}∶α-$NaCaYF_6$ 激光器在接近 1000K 时还能振荡。

从激活离子种类来看，掺杂型激光晶体主要有掺稀土激活离子和掺过渡族激活离子晶体两大类。红宝石（Cr^{3+}∶Al_2O_3）晶体是最早实现激光输出的激光晶体，而掺钕钇铝石榴石（Nd∶$Y_3Al_5O_{12}$）晶体则是目前应用最广泛的掺杂型激光晶体，它以激光阈值低、增益高、效率高、损耗低，以及优良的物理、化学、光学特性等而在固体激光材料中占据统治地位。

（2）自激活激光晶体　提高激活离子浓度是提高激光效率的一种途径。当激活离子成为基质的一种组分时，即形成所谓的自激活晶体。在通常的掺杂型晶体中，激活离子的浓度增加到一定程度时，就会产生浓度猝灭效应，如在 YAG 晶体中，Nd^{3+} 浓度增加到 5%（原子分数）时，荧光寿命会从 $230\mu s$ 下降到 $150\mu s$ 左右，进一步增加浓度，荧光寿命急剧下降。而自激活激光晶体中的激活离子浓度高、荧光浓度猝灭效应小、激光效率高，是制作高效、小型激光器的理想晶体材料。主要的自激活激光晶体有 $Nd_xLa_{1-x}P_5O_{14}$、$LiNd_xLa_{1-x}P_4O_{12}$、$KNd_xGd_{1-x}P_4O_{12}$、$Nd_xGd_{1-x}Al_3(BO_3)_4$、$Nd_xLa_{1-x}Na_5(WO_4)_4$、$Nd_xLa_{1-x}P_3O_9$、$CsNd_xY_{1-x}NaCl_5$ 等。

（3）色心晶体　与一般激光晶体不同，色心晶体是由束缚在基质格点缺位周围的电子或其他元素的离子与晶格相互作用形成的发光中心，由于束缚在缺位中的电子与周围晶格间存在强的耦合，电子能级被显著加宽，使吸收和荧光光谱呈连续谱的特征。因此，色心晶体可实现可调谐激光输出。目前色心晶体主要由碱金属卤化物的离子缺位捕获电子，形成色心。表 3-2 列出一些主要碱金属卤化物色心激光晶体的特性。最近氧化物色心晶体也已引起人们的重视，研制出的 CaO 色心激光器，输出功率已超过 100mW，调谐范围是 $357\sim420nm$，展示出良好的发展前景。

表 3-2　主要的色心晶体

晶体	色心类型	泵浦波长/nm	调谐范围/nm	晶体	色心类型	泵浦波长/nm	调谐范围/nm
LiF	F_2^+	647	$800\sim1010$	KCl∶Li	$(F_2^+)_A$	1340	$2000\sim2500$
KF	F_2^+	1064	$1260\sim1480$	KCl∶Li	$F_A(\mathrm{II})$	530、647、514	$2500\sim2900$
NaCl	F_2^+	1064	$1360\sim1580$	KI∶Li	$(F_2^+)_A$	1730	$259\sim3165$
KCl∶Na	$(F_2^+)_A$	1340	$1620\sim1910$				

3.3.5　激光玻璃

激光玻璃的激光发射特性受基质玻璃结构和玻璃中掺杂离子格位状态控制。在玻璃中激活离子的发光性能不如在晶体中的好，如荧光谱线较宽，受激发射截面较低等。但激光玻璃储能大，基质玻璃的性质可按要求在很大范围内变化，制造工艺成熟，容易获得光学均匀的、从直径为几微米的光纤到几十厘米的玻璃板，且价格便宜，因而在高功率激光系统、纤维激光器和光放大器以及其他重复频率不高的中、小激光器中得到了广泛的应用。

（1）激活离子　由于基质玻璃配位场的作用，使极大部分 3d 过渡金属离子在玻璃中实现激光的可能性较少，稀土离子的 5s、5p 外层电子对 4f 电子的屏蔽作用，使得其在玻璃中仍保持与自由离子相似的光谱特性，容易获得较窄的荧光，因此在激光玻璃中激活离子是以 Nd^{3+} 为代表的三价稀土离子。表 3-3 中列出了在玻璃中已获得激光的三价稀土离子。

（2）基质玻璃　基质玻璃必须具有良好的光学均匀性和透过性能、热光稳定性、物理化学性能，同时还要求拥有适当的光谱性质，在激发光源的辐射光谱内有宽而多的吸收带和较高的吸收系数，吸收光谱带与光源的辐射谱带的峰值尽可能重叠，以获得较高低激光效率。几乎所有的含钕无机玻璃都能产生荧光，但是具有使用价值的只有硅酸盐、硼酸盐、磷酸盐及氟化物系统玻璃等。

Nd^{3+} 在硅酸盐玻璃中发光量子效率较高，荧光寿命较长。硅酸盐玻璃化学稳定性好、机械性能优越、制造工艺成熟，这些特点使掺钕硅酸盐玻璃成为最早的适合工业生产的激光玻璃。如掺钕 Li_2O-Al_2O_3-SiO_2 系统玻璃就是一种受激发射截面较高的激光玻璃，用于早期制造的高功率激光系统。稀土掺杂的石英光纤是另一类型的硅酸盐激光玻璃，在含 Nd^{3+}、Er^{3+}、Yb^{3+}、Ho^{3+}、Tm^{3+} 等稀土离子的单模石英光纤中都获得了激光输出。用掺 Er^{3+}

表 3-3　玻璃中的激活离子

激活离子	激光波长/μm	跃　迁	玻　璃　基　质
Nd^{3+}	0.93	$^4F_{3/2} \rightarrow {}^4I_{9/2}$	钠钙硅酸盐玻璃
	1.05~1.08	$^4F_{3/2} \rightarrow {}^4I_{11/2}$	各种玻璃和光纤
	1.35	$^4F_{3/2} \rightarrow {}^4I_{13/2}$	各种光纤及硼酸盐玻璃
Sm^{3+}	0.651	$^4F_{3/2} \rightarrow {}^6H_{9/2}$	石英光纤
Gd^{3+}	0.3125	$^4P_{7/2} \rightarrow {}^8S_{7/2}$	锂镁铝硅酸盐玻璃
Tb^{3+}	0.54	$^5D_4 \rightarrow {}^7F_5$	硼酸盐玻璃
Ho^{3+}	0.55	$^5S_2 \rightarrow {}^5I_8$	氟化物玻璃光纤
	0.75	$^5S_2 \rightarrow {}^5I_7$	氟化物玻璃光纤
	1.38	$^5S_2 \rightarrow {}^5I_5$	氟化物玻璃光纤
	2.08	$^5I_7 \rightarrow {}^5I_8$	氟化物玻璃光纤、石英光纤
	2.90	$^5I_6 \rightarrow {}^5I_7$	氟化物玻璃光纤
Er^{3+}	0.85	$^4S_{3/2} \rightarrow {}^4I_{13/2}$	氟化物玻璃光纤
	0.98	$^4I_{11/2} \rightarrow {}^4I_{15/2}$	氟化物玻璃光纤
	1.55	$^4I_{13/2} \rightarrow {}^4I_{15/2}$	多种玻璃和光纤
	2.71	$^4I_{11/2} \rightarrow {}^4I_{13/2}$	氟化物玻璃光纤
Tm^{3+}	0.455	$^1D_2 \rightarrow {}^3H_4$	氟化物玻璃光纤
	0.48	$^1G_4 \rightarrow {}^3H_6$	氟化物玻璃光纤
	0.82	$^3F_4 \rightarrow {}^3H_6$	氟化物玻璃光纤
	1.48	$^3F_4 \rightarrow {}^3H_4$	氟化物玻璃光纤
	1.88	$^3H_4 \rightarrow {}^3H_6$	氟化物玻璃光纤
	2.35	$^3F_4 \rightarrow {}^3H_5$	氟化物玻璃光纤
Yb^{3+}	1.01~1.06	$^2F_{5/2} \rightarrow {}^2F_{7/2}$	多种玻璃和石英光纤

单模石英光纤制成的光放大器可望在 $1.55\mu m$ 光纤通信系统中获得广泛应用。

含硼玻璃存在着荧光猝灭、荧光寿命较短、量子效率较低等问题。但 Nd^{3+} 在硼酸盐玻璃中的吸收系数较高，硼酸盐玻璃的热膨胀系数较低，制造工艺较简单，因此也有很多实际应用。主要的玻璃系统有 BaO-B$_2$O$_3$-SiO$_2$、BaO-La$_2$O$_3$-B$_2$O$_3$ 等。

掺钕磷酸盐玻璃具有受激发射截面大、发光量子效率高和非线性折射率低等优点。通过调整玻璃组成还可获得折射率温度系数为负值、热光稳定的玻璃。典型的玻璃系统有 BaO-Al$_2$O$_3$-P$_2$O$_5$、K$_2$O-BaO-P$_2$O$_5$ 等。磷酸盐玻璃还是高浓度钕激光玻璃的基质。研究表明在掺钕磷酸盐玻璃中，随基质中 P$_2$O$_5$ 含量的增加，Nd^{3+} 浓度猝灭效应减弱。根据该现象研制出的组成类似 LiNd$_x$La$_{1-x}$P$_4$O$_{12}$ 的高浓度钕激光玻璃，Nd^{3+} 浓度高达 2.7×10^{21} cm^{-3} 时，量子效率还未明显下降，为提高固体激光器的效率开辟了一条新的途径。

掺 Nd^{3+} 氟磷酸盐玻璃较其他玻璃具有更低的非线性折射率，并仍保持较高的受激发射截面和高的量子效率，更适合用于高功率激光系统。主要的玻璃系统有 AlF$_3$-RF$_2$-Al(PO$_3$)$_3$-NaPO$_3$、RF-RF$_2$-RF$_3$-Al(PO$_4$)$_3$ 等（其中 R 代表金属离子）。但氟磷酸盐玻璃中往往存在着许多微小的固体夹杂物，使激光损伤阈值下降，尚未用于高功率激光系统。

氟化物玻璃具有较强的离子键性，基质对激活离子的作用较小，发光量子效率高，激活离子在玻璃中的发光特性与在离子晶体中较接近。此外，氟化物玻璃从紫外到中红外极宽的透光范围，又为各种激活离子、尤其是其激发波长和发光波长在近紫外和中红外的掺杂离子的发光和多掺杂敏化发光创造了极好的条件。氟化物激光玻璃有两类，即氟铍酸盐玻璃和氟锆酸盐玻璃。前者具有特低的非线性折射率，典型的玻璃如美国研制的 B101 玻璃（47BeF$_2$·27KF·14CaF$_2$·10AlF$_3$·2NdF$_3$）。但含铍玻璃的剧毒给玻璃制备和加工带来很大的困难。

氟锆酸盐玻璃是一种超低损耗红外光纤材料，在中红外区具有高的透过率，它作为纤维激光器工作物质得到了很大的发展，Nd^{3+}、Er^{3+}、Tm^{3+}、H^{3+} 等稀土离子在氟锆酸盐玻璃光纤中都获得了激光输出，波长 $0.455 \sim 2.9\mu m$，在某些波段还可实现可调谐激光输出。

以稀土离子掺杂光纤作为增益介质的光纤激光器的研究始于 20 世纪 60 年代。由于光纤激光器以小巧的半导体激光二极管作为泵源，以柔软的光纤作为波导和增益介质，同时可采用光纤光栅、耦合器等光纤元件，无需光路机械调整，结构紧凑，目前已在光通信等领域得到广泛应用。

光纤激光器主要由泵源、耦合器、稀土离子掺杂光纤、谐振腔等部件构成。泵源由一个或多个大功率激光二极管构成，其发出的泵浦光经特殊的光学系统耦合进入作为增益介质的稀土离子掺杂光纤，泵浦光子被掺杂光纤介质吸收，形成粒子数反转，受激发射的光波经谐振腔镜的反馈和振荡形成激光输出。光纤激光器的结构图如图 3-9 所示。

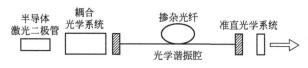

图 3-9 　 光纤激光器结构示意

光纤激光器以光纤作为波导介质，常用的掺杂离子有 Nd^{3+}、Ho^{3+}、Er^{3+}、Tm^{3+}、Yb^{3+} 等。其耦合效率高，具有高转换效率、低阈值、光束质量好等优点；通过掺杂不同的稀土离子可实现 $380 \sim 3900nm$ 波段范围的激光输出，调节光纤光栅谐振腔还可实现波长选择且可调谐。与传统的固体激光器相比，光纤激光器体积小、寿命长、易于集成，应用前景广阔。

自 1960 年发明第一台红宝石激光器至今已四十多年，已有数百种激光晶体和激光玻璃问世。随着科学技术的发展，在新的物理机制下，新的激光工作物质还会不断涌现，如可调谐激光晶体及激光光纤的探索已出现一个小的高潮。预计下一目标可能是探索具有多种功能的新型激光材料。

3.3.6　半导体激光介质

半导体激光器是实用中最重要的一类激光器，它体积小、效率高、寿命长，可采用简单的电流注入方式来泵浦。其工作电压和电流与集成电路兼容，因而有可能与之单片集成。同时还能用高达吉赫（10^9 Hz）的频率直接进行电流调制以获得高速调制的激光输出。因此，半导体激光器在光通信、光存储、光陀螺、激光打印、光盘录放、测距、制导、引信以及光雷达等方面都得到了广泛的应用。半导体激光器主要有 PN 结激光器、异质结激光器、量子阱激光器和分布反馈激光器等几种。

（1）PN 结激光器　组成 PN 结激光器的材料必须是高掺杂的"简并半导体"，即 P 型半导体材料的费米能级在价带中，而 N 型半导体材料的费米能级则进入导带。目前最常用的材料体系有两大类，一类是以 GaAs 和 $Ga_{1-x}Al_xAs$ 为基础的，输出激光一般为 850nm 左右，这类器件主要用于短距离光纤通信和固体激光器的泵浦源；另一类是以 InP 和 $Ga_{1-x}In_xAs_{1-y}P_y$ 为基础的，激光波长一般为 920nm 至 $1.65\mu m$，但最常见的是 $1.3\mu m$ 和 $1.55\mu m$。

半导体激光介质与固体、气体激光介质完全不同，它没有专门掺入的激活粒子，而是依靠电子和空穴的复合过程产生光辐射。同一种半导体材料，如 GaAs，通过掺杂技术可制成 N 型和 P 型两种类型半导体。半导体的能带结构包括导带 E_C、价带 E_v，在 E_C 和 E_v 之间是禁带。N 型半导体中的电子、P 型半导体中的空穴为多数载流子，而 N 型中的空穴、P 型中的电子则称为少数载流子。无论是 N 型还是 P 型单一种类的半导体材料都不可能成为激光介质，真正的激光介质是 N 型和 P 型半导体接触而形成的 PN 结区。图 3-10(a) 给出了重掺杂 PN 结的能带形态。由图可见：不加偏压时，PN 结处于平衡态，位于导带底的电子和价带顶的空穴分别被阻挡在 PN 结两侧，不能继续向对方一侧扩散。这时如有频率合适的光射入，只能将电子从价带激发到导带，呈现光的吸收特性。

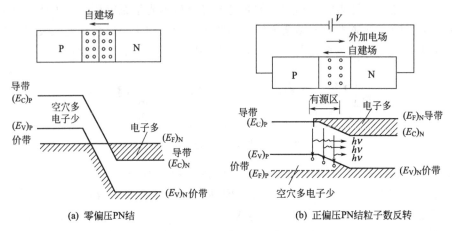

(a) 零偏压PN结　　　　　　　　　(b) 正偏压PN结粒子数反转

图 3-10　PN 结能带形态图

如果向 PN 结施加正向偏压，半导体的平衡被破坏，PN 结势垒降低，电子和空穴分别沿相反方向向 PN 结区扩散注入，于是在 PN 结区大约 $1\mu m$ 的宽度内形成电子、空穴在能带上非平衡分布，即结区内导带底的电子数目增多，价带顶的空穴数目也同样增多。相对平衡分布来说即出现了粒子数的反转 [图 3-10(b)]。这时电子和空穴的复合概率增大，而当它们复合时（电子从导带底跃迁到价带顶），多余的能量就以光子形式发射，即产生自发辐射光子。如果频率合适的外来光子射入这个反转区，导带底的电子将在外来光子刺激下跃迁到价带产生受激辐射光子。

图 3-11 展示出了 GaAs 激光器的结构，因 PN 结是由同一种材料形成，故通常称为同质结激光器。激光器的光学谐振腔通常利用晶体的两个解理面自然形成，因为半导体的折射率很大，相对空气界面自然形成足够的反射率。为增大单端激光输出，只要在一个界面上镀膜

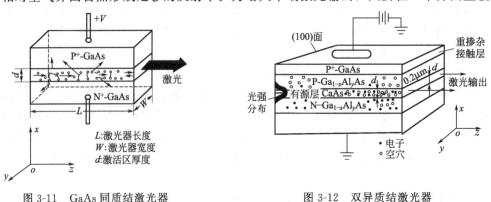

图 3-11　GaAs 同质结激光器　　　　　图 3-12　双异质结激光器

以减小其反射率即可。激光二极管通常采用重掺杂半导体材料，目的是能提供足以克服各种损耗的足够的粒子数反转。

（2）异质结激光器 从激光器工作特性来说，同质结结构是很不理想的。主要缺点为：激活区宽（约 $1\mu m$）、工作偏压高、激活区与两侧邻近区折射率相近、光波导效应不明显、光损耗大，这使得同质结激光器阈值电流密度很高，一般在 $(2\sim4)\times10^4 A/cm^2$，在室温下只能以脉冲方式运转。双异质结激光器（图 3-12）则能很好克服上述缺点，它由两种不同的半导体材料构成，使激活区压缩在 $0.4\mu m$ 以内，而且激活区折射率明显高于邻近区，形成光波约束，大大降低阈位电流密度（$600\sim800 A/cm^2$），并实现室温连续运转。构成半导体异质结的两种半导体材料虽然不同，但它们的晶格常数相差必须很小（小于 1%），即两者的晶格必须匹配，否则会在两种半导体交界面形成能使荧光淬灭的深能级。

（3）量子阱激光器 异质结厚度仅为 $1\sim10nm$ 的异质结激光器称为量子阱激光器。半导体中的电子和空穴之所以参与导电，是因为它们在一定的能带结构中的运动是相对自由的。电子运动的自由程度可以用电子平均自由程来描述，即一个自由程内的电子运动时不受任何干扰的。半导体同质结的激活区厚度大约是 $1\mu m$，与电子自由程大致相当。异质结的激活区厚度比同质结的窄得多，一般在 $0.1\sim0.4\mu m$ 之间，因此电子在这个很窄的区域内运动就会受到一定约束，但这种约束还不够强烈。当异质结厚度进一步减小到 $1\sim10nm$ 时，激活区宽度已经与电子的量子波长相当甚至更小。这是激活区里的电子就像落在一个陷阱里，其运动受到强烈约束，导致电子和空穴在导带底和价带顶的能量状态出现不连续分布，这种陷阱就称为量子阱。用量子阱结构制成的半导体激光器就称为量子阱激光器。这种激光器的优点是阈值电流密度更低（约 $200 A/cm^2$），约为异质结激光器的 1/4，因而有利于光集成化和制作大功率半导体激光器，而且其光束质量好，有利于提高光通信的质量。

量子级联激光器是以电子在耦合量子阱能带间的跃迁作为光发射机理，以共振隧穿作为泵浦机理，采用裁剪设计电子在子能带散射时间形成粒子数反转。与传统半导体激光器不同的是，量子级联激光器的发射波长完全由量子限制效应（即由有源层量子阱宽度）决定，而不受材料禁带宽度限制，因此发射波长可以任意裁剪。与此同时，随着纳米科技的不断发展，除了对载流子在一维方向上进行限制的量子阱激光器以外，对载流子在二维、三维方向上进行限制的量子线与量子点结构激光器也备受重视，已成为激光材料的研究热点之一。

（4）分布反馈激光器 分布反馈激光器是一种侧壁被做成周期性光栅波导结构的半导体激光器。根据周期性波导的耦合原理，只要光栅周期是波导中 1/2 光波长的整数倍，该周期性光栅就会使导波光反馈。因此就不需要解理端面来实现光反馈，这种结构有利于集成光路的形成。分布反馈激光器不仅阈值电流密度低，还具有良好的频率特性，可以获得优质的单模单频输出，是半导体激光器的发展方向之一。

3.4 集成光路和光电子集成技术

集成光路（integrated optical circuits，简称 IOC）是指将传统的一系列分立光学器件如棱镜、透镜、光栅、光耦合器等平面化、微型化后形成的一种集成化的光学系统。集成光路有许多集成电路无法比拟的优点。例如，集成光路以光频为载波工作，频率比电子学频率高出 1000 倍以上，因此其处理的信息容量要比集成电路大得多；集成电路仅以一维时间顺序处理信息，而集成光路除了可以一维时间顺序处理信息之外，还具有空间并行处理信息的能力，即集成光路可进行多维信息处理。因此，集成光路的信息处理速度要比集成电路快得多，其开关响应速度很高、电磁干扰能力强、保密性强。

集成光路是以光波导理论以及光波导器件研究的基础上发展起来的。20 世纪 60 年代，世界各国对光波导现象进行了广泛而深入的研究，从而推动了各种微细薄膜光路和条波导的研究开发。1969 年，Miller 等在总结前人工作的基础上，首次提出了"集成光学"的概念，准确地描述了集成光路的概念，为光学系统的发展掀开了崭新的一页。

3.4.1 平面光波导

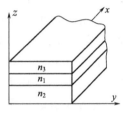

图 3-13　平面介质光波导的基本结构

最简单的平面光波导（二维波导）由衬底、波导层和包层三层材料构成，其中波导层折射率为 n_1，衬底和包层折射率分别为 n_2 和 n_3（图 3-13）。波导层厚度为微米量级。为了将光约束在波导里传输，根据全反射原理，要求 $n_1 > n_2 \geq n_3$。当光从光密介质进入光疏介质时存在一产生全反射的临界角，当光线的入射角小于临界角时，光线将从光密介质折射入光疏介质；仅当光线入射角大于临界角时才能在界面上产生全反射，即当 $\theta > \theta_S > \theta_C$（$\theta$ 为光线从衬底进入波导的角度，θ_S、θ_C 分别为光线从波导进入衬底和包层的临界角）时，入射光线会在波导上、下界面上产生全反射，从而在波导中传播（图 3-14）。$n_2 = n_3$ 和 $n_2 \neq n_3$ 时的波导分别称为对称平面波导和非对称平面波导。

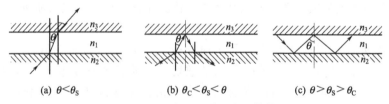

(a) $\theta < \theta_S$　　　　(b) $\theta_C < \theta_S < \theta$　　　　(c) $\theta > \theta_S > \theta_C$

图 3-14　光在平面波导中的传输

在平面光波导内传输的光通常存在两种偏振模式：一种称为 TE 模（横电波）或 H 波，它只有一个沿 y 方向的电场分量，另一种称为 TM 模（横磁波）或 E 波，它只有一个沿 y 方向的磁场。TE 模的磁场在 x-z 平面内，而 TM 模的电场在 x-z 平面内。TE 模与 TM 模有不同的传输模式，通常用脚号"m"表示，m 为 0、1、2、3…等一系列正整数。$m = 0$ 的导模称为基模。当波导只允许有基模传输时，称这一波导为单模波导。几乎所有的集成光学器件都工作在单模条件下。

在二维波导结构中（图 3-13），光只在 x 方向受到限制。而在三维波导结构中（图 3-15），光在 x 和 y 两个方向受到限制，只能沿 z 方向传播，故三维波导又称为条波导。无论是二维波导还是条波导，波导传输的模式数取决于波导的厚度、宽度以及波导与周围介质之间的折射率差。为了保证光波导以单模形式工作，必须严格控制波导厚度、宽度以及波导与周围介质之间折射率差的大小。

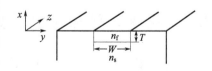

图 3-15　三维光波导结构

大多数光集成器件希望在器件平面内任何方向上传输光，因此一般用三维光波导。横向没有光限制的二维光波导一般用于三维光波导的连接和干涉上。平面光波导有多种结构，若按照折射率分布形式分类，可分为均匀折射率分布光波导和渐变折射率分布光波导两种；若按照波导横截面的结构形式分类，典型的条波导可分为凸条形、脊形、掩埋形和条载形四种（图 3-16）。在掩埋式光波导里，高折射率的芯被低折射率的外包层包围；而在其他光波导结构中，都是通过膜厚方向上材料的折射率差来限制光的传输。平面光波导也可由三层以上的多层介质构成，这种光波导称为多层介质光波导。

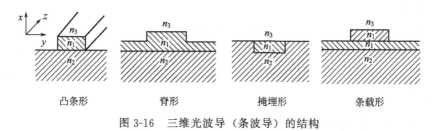

图 3-16 三维光波导（条波导）的结构

3.4.2 集成光路材料

集成光路由许多光波导器件构成，这些光波导器件可分为无源器件和有源器件两大类。无源光波导器件主要包括波导棱镜、透镜、反射镜、光分束器和检偏器等波导几何光学器件和波导型定向耦合器、滤波器、光隔离器、衰减器、集成光学调制器、光开关等。有源光波导器件是指含有光源的集成光学器件。

集成光路材料实际上是指一些光波导薄膜材料和它们的衬底材料。不同功能的集成光学器件需要不同的光波导薄膜材料，因此要选用不同的衬底材料。一般无源光波导器件主要选用 $LiNbO_3$、石英或硅材料、玻璃等作衬底。其中，普通无源器件可选用玻璃、石英、SiO_2 等，电光调制器或声光调制器通常都采用电光系数和光弹性系数高的 $LiNbO_3$，含探测器的无源器件必须使用硅等半导体材料。有源光波导器件则主要选用 GaAs、InP 以及其他一些 Ⅲ-Ⅴ 族或 Ⅱ-Ⅵ 族直接带隙半导体为衬底材料。

光波导薄膜材料可以通过真空溅射、扩散、外延、质子轰击、离子注入等成膜技术来制备，可根据光波导器件类型和衬底材料种类可选用合适的成膜技术。

对普通无源器件而言，若以玻璃或其他无定形材料为衬底，可采用真空溅射技术在衬底上形成光波导，所采用的光波导材料主要有 Ta_2O_5、Nb_2O_5、Si_3N_4 等。对于需要采用晶体材料为衬底的光波导器件，可采用扩散的方法在衬底上形成光波导，即将杂质和衬底置于 $700\sim1000℃$ 的高温环境中，杂质在高温下挥发并且向衬底扩散，通过调节扩散温度和时间来控制扩散深度等。如以 $LiNbO_3$ 晶体为衬底的光波导器件就可通过向 $LiNbO_3$ 中扩散 Ti 或 Ta 等形成掺 Ti 或掺 Ta 的 $LiNbO_3$ 波导，以 ZnS、ZnSe 等晶体为衬底的则可向这些晶体扩散 Cd 形成掺 Cd 的 ZnS 或 ZnSe 波导。可用扩散技术形成光波导的衬底材料还有 Si、GaAs、$LiTaO_3$ 等晶体材料。

有些晶体材料例如 CdTe、GaP、ZnTe 等作为衬底时，可用离子注入法将需要掺入的杂质离子如 Be^+ 等加速到几十千伏至几百千伏来轰击衬底表面，将离子注入衬底替代衬底晶体材料中的某些原子以形成波导。另一些衬底材料如熔石英等，则可用离子注入法将 H^+、Li^+ 或 Bi^{3+} 等掺入衬底材料的晶格间隙中使晶格畸变，导致衬底上被轰击部位的折射率增大而形成波导。用离子注入法形成的波导一般都要进行褪火处理，以消除晶格缺陷、降低波导的光损耗。

GaAs、GaP、ZnTe、ZnSe 等半导体晶体材料作为衬底时，可用质子轰击法在衬底表面轰击质子，产生深能级陷阱中心，使被轰击区的载流子浓度降低，从而提高该区的折射率，形成波导。质子轰击法形成的波导也要进行退火处理，以降低损耗。

在制作集成光学调制器和光开关时，一般以 $LiNbO_3$ 等电光晶体为衬底材料，采用向 $LiNbO_3$ 衬底扩散 Ti 的方法和各种刻蚀技术（如化学腐蚀或离子束刻蚀等）来形成各种条波导和光波导器件。

在制作单块（即激光器、波导和光探测器等都集成在一块基板上）有源集成光学器件时，一般都以半导体晶体材料如 GaAs、InP 等为衬底，采用分子束外延、液相外延、气相外延或金属有机气相沉积等外延生长法在衬底表面形成多层结构，其中包括发光器件、波导和探测器件等。

3.4.3　光电子集成回路材料

光电子集成回路（opto electronic integrated circuit，简称 OEIC）是指把无源波导光学器件、有源波导光学器件及其驱动电路集成在同一块衬底上构成的单片 OEIC 器件，例如用于光通信的光发射机、光接收机、光中继器和用于光盘、激光打印机和各种光电测控系统的光头。可以预言，OEIC 将取代未来光纤通信系统与光电信息系统中的大部分功能器件。

发展 OEIC 首先需要解决衬底材料问题。这是因为，激光器一般都需要选用重掺杂的高电导的 N 型半导体材料作为衬底，以提高电流注入效率；而电子器件如金属-半导体场效应管、耿氏二极管等则需要半绝缘衬底，以保证制作在该衬底上的各器件之间良好的电隔离。目前光通信用的 OEIC 光发射机和 OEIC 光接收机一般都采用半绝缘的 GaAs 或 InP 为衬底。以 InP 衬底制备 OEIC 器件难度很大，这是因为 InP 衬底存在缺陷较多、易离解、肖特基势垒较低等缺点，不易在其上面制作金属-半导体场效应管。基于这方面的原因，以 InP 为衬底的 OEIC 发展比较缓慢。然而，由于 InP 衬底适于长波长，它仍一直受到 OEIC 器件研究人员的重视。后来人们设法在 InP 衬底上成功制作了金属-绝缘体-半导体场效应管结构，解决了这方面的问题。

OEIC 光发射机主要由量子阱半导体激光器、光监视器和驱动电路构成。短波长 OEIC 光发射机一般集成在 GaAs 上，驱动电路采用 GaAs 金属-半导体场效应管结构；长波长 OEIC 光发射机一般集成在 InP 上，驱动电路采用 InP 结场效应管、金属-绝缘体-半导体场效应管或异质结双极结构。

OEIC 光接收机主要由光探测器和放大电路构成。一般采用光电二极管作光探测器，场效应管作前置放大器。目前以 GaAs 为衬底的 OEIC 光接收机的集成度已经很高，例如可将 4 个 GaAs 金属-半导体-金属型光探测器和 8000 个金属-半导体场效应管集成在单块芯片上。以 InP 为衬底的 OEIC 光接收机主要采用 PIN 光电二极管作光探测器，采用金属-绝缘体-半导体场效应管、结场效应管结构作放大电路。

第4章 信息传感材料

信息传感材料是指用于信息传感器和探测器的一类对外界信息敏感的材料。在外界信息如力学、热学、光学、磁学、电学、化学或生物信息的影响下，这类材料的物理性质或化学性质（主要为电学性质）会发生相应的变化。因此，通过测量这些材料的物理性质或化学性质（主要为电学性质）随外界信息的变化，就能方便而精确地探测、接收和了解外界信息及其变化。信息传感器是信息采集系统的关键元件，是实现现代测量、自动控制（包括遥感、遥测、遥控等）的重要环节，是现代信息产业的源头，又是信息社会赖以存在和发展的技术基础。

信息传感材料的种类很多，如果按照用途分类，主要分成力敏传感材料、热敏传感材料、光敏传感材料、磁敏传感材料、气敏材料、湿敏材料、光纤传感材料和生物传感材料等。

4.1 力敏传感材料

力敏传感材料是指那些在外力作用的情况下电学性质会发生明显变化的材料，主要分为金属应变电阻材料、半导体压阻材料和压电材料等几类。

4.1.1 应变电阻材料

电阻应变式传感器是应用广泛的传感器之一，其核心元件是金属电阻应变片。一根金属丝的电阻与材料的电阻率及其几何尺寸（长度和截面积）有关，当它承受机械变形（拉伸或压缩）时会导致材料几何尺寸乃至电阻率的变化，从而导致金属丝电阻的变化，这种效应即称为电阻应变效应。用金属电阻应变片测量应变或应力时，在外力作用下引起应变片的微小机械变形，其产生的电阻值变化正比于应力大小，通过对金属应变片电阻值的探测即可实现应力的传感。常用的金属应变片有金属丝式、箔式、薄膜式等几种。

金属电阻应变片由基体材料、金属应变丝或应变箔、绝缘保护片和引出线等部分组成（图 4-1）。电阻应变片的阻值可以根据具体需要设计，如电阻阻值太小，所需的驱动电流太大，同时应变片的发热会致使应变片本身温度过高；而如电阻太大，则阻抗太高，抗外界的电磁干扰能力较差。一般电阻应变片的阻值在几十欧至几十千欧左右。

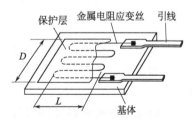

图 4-1 金属电阻应变片的结构

金属应变电阻材料主要有康铜系合金、锰白铜合金、镍铬铝铁合金、镍铬合金、铁铬铝合金、铂钨合金和铂金属等。康铜系合金的灵敏系数稳定性、耐辐射性能好，适于长时间测量，但其低温性能较差。锰白铜合金的电阻温度系数小、化学稳定性好，可用于高精度应变测量。镍铬铝铁合金的电阻温度系数小，电阻率、灵敏系数和抗拉强度高，适于制作静态应变计的敏感栅。镍铬合金的特点是电阻率和抗氧化能力高、工作温度较宽，是理想的高温应变材料。而铁铬铝合金、铂钨合金和铂金属等得抗氧化和耐高温性能最好，适于在高温下使用。

4.1.2 半导体压阻材料

半导体压阻材料是利用其压阻效应而制成的一种应力转换材料，主要是单晶硅材料。半导体硅具有钻石结晶构造，若在与晶体（111）面相垂直的方向施加机械力（压力或拉力），则晶体内部必然产生畸变，这一畸变将导致晶体内部能级构造的变化。如本征半导体在承受机械力后，半导体晶格间距发生变化，进而引起半导体禁带宽度的变化，导致载流子相对能量的改变，从而引起晶体固有电阻率的变化。半导体晶体承受机械力后其电阻值的变化即称为压阻效应。半导体压阻效应广泛应用于压力与应变测量，利用它制成的力敏元件远比金属丝应变片以及按压电效应制成的力敏元件的灵敏度高。

为了调节力敏元件的灵敏系数、电阻值和温度特性等，往往要在单晶硅中掺入硼、磷等各种杂质。低掺杂单晶硅的压阻系数较大，但其电阻温度系数也较大，而高掺杂单晶硅的性能则正好相反。提高掺杂浓度是改善元件温度特性的重要手段，但掺杂材料在单晶硅中有一定的固溶度，故掺杂浓度有一定的限度。

不仅半导体自身具有压阻效应，而且半导体 PN 结受到压力后同样可以呈现压阻效应，从而改变结间电流。如图 4-2 所示，若在呈现压阻效应的基极-发射极的 PN 结之外再设一集电极而构成三极管后，因压阻效应基极-发射极间电阻变化必然引起其间电流变化。这种电流变化再经三极管放大输出，器件灵敏度可大为提高。

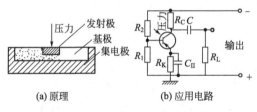

(a) 原理　　　　　　　(b) 应用电路

图 4-2　PN 结压阻效应及其应用电路

4.1.3 压电材料

某些电介质物质，在一定方向上受到外力的作用而变形时，内部会产生极化现象，同时在其表面上会产生电荷。当外力去掉后，又重新回到不带电的状态，这种现象被称为压电效应。

一般把这种将机械能转变为电能的现象称为"顺压电效应"。反之，如在电介质的极化方向上施加电场，它会产生机械变形；当去掉外加电场时，电介质的变形随之消失，这种将电能转换为机械能的现象则称为"逆压电效应"。具有压电效应的电介物质称为压电材料。自然界中大多数的许多晶体都具有压电效应，但大多数晶体的压电效应很微弱，没有使用价值；而部分晶体，如石英晶体则是一种性能良好的压电材料。

石英晶体（图 4-3）的压电效应与其内部结构有关，其化学式为 SiO_2。为了直观地描述其压电效应，将一个单元中构成石英晶体的硅离子和氧离子的排列在垂直于晶体 z 轴的平面内投影，等效为图 4-4 中的正六边形排列。图中⊕代表 Si^{4+}，⊖代表 $2O^{2-}$。

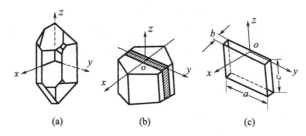

图 4-3　石英晶体

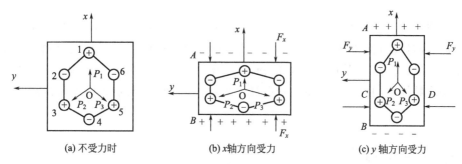

(a)不受力时　　　　(b) x 轴方向受力　　　　(c) y 轴方向受力

图 4-4　石英晶体压电效应示意图

当石英晶体未受力作用时，正、负离子正好分布在正六边形的顶角上，形成三个大小相等、互成 120°夹角的电偶极矩 P_1、P_2 和 P_3 [图 4-4(a)]。此时正、负电荷中心重合，电偶极矩的矢量和 $P_1+P_2+P_3=0$，晶体表面不产生电荷。

当石英晶体受到沿 x 轴方向的压力作用时，晶体产生压缩变形，正、负离子的相对位置随之变动，正、负电荷中心不再重合 [图 4-4(b)]。电偶极矩在 x 轴方向的分量 $(P_1+P_2+P_3)_x>0$，在 x 轴的正方向的晶体表面上出现正电荷。而电偶极矩在 y 轴和 z 轴方向的分量均为零。这种沿 x 轴施加作用力，而在垂直 x 轴的晶体表面产生电荷的现象称之为纵向压电效应。

当石英晶体受到沿 y 轴方向的压力作用时，晶体发生变形 [图 4-4(c)]。电偶极矩在 x 轴方向的分量 $(P_1+P_2+P_3)_x<0$，在 x 轴的正方向的晶体表面上出现负电荷。同样在垂直于 y 轴和 z 轴的晶面上不出现电荷。这种沿 y 轴施加作用力，而在垂直于 x 轴晶面上产生电荷的现象称之为横向压电效应。

当晶体受到沿 z 轴方向的力作用时，因为晶体在 x 方向和 y 方向的变形相同，正、负电荷中心始终保持重合，电偶极矩在 x、y 方向的分量等于零，所以沿光轴方向施加作用力，石英晶体不会产生压电效应。如石英晶体的各个方向同时受到均等的作用力，石英晶体将保持电中性，所以石英晶体没有体积变形的压电效应。

目前应用于压电式传感器的压电元件材料一般分为压电晶体、经极化处理的压电陶瓷、压电半导体和高分子压电材料等。

压电晶体的种类很多，如石英、酒石酸钾钠、电气石、磷酸铵（ADP）、硫酸锂等。石英晶体是一种常用的性能优良的压电材料，它性能稳定，不需人工极化处理，无热释电效应，介电常数和压电常数的温度稳定性好，但压电常数较小，因而一般只用在标准传感器、高精度传感器或使用温度较高的传感器中。而在一般要求测量用的压电传感器中基本采用压电陶瓷。

压电陶瓷主要为经极化处理的钛酸钡、锆钛酸钡等。压电陶瓷具有压电常数大、灵敏度高、制造工艺成熟、可通过合理配方和掺杂等人工控制方法达到所需性能要求、价格低廉等特点，应用广泛。钛酸钡的压电常数要比石英晶体大几十倍，且介电常数和体电阻率也比较高，但其温度稳定性、长期使用稳定性和机械强度稍差，工作温度最高只有 80℃ 左右。锆钛酸钡（PZT）压电陶瓷具有很高的介电常数，工作温度可达 250℃，并且在温度稳定性方面远优于钛酸钡，是目前最普遍使用的一种压电材料。

压电半导体材料主要有 ZnS、CdTe、ZnO、CdS、ZnTe、GaAs 等。这些材料既有压电特性，又有半导体特性，可以集敏感元件和电子线路于一体，制成新型集成压电传感器测试系统。

有些合成有机高分子聚合物，如聚氟乙烯（PVF）、聚偏二氟乙烯（PVF_2）、聚氯乙烯（PVC）等，经延展拉伸和电极化后也可形成具有压电性能的高分子压电材料。PVF_2 压电薄膜的压电灵敏度极高，比 PZT 压电陶瓷高 17 倍，且在 10^{-5} Hz～500MHz 频率范围内具有平坦的响应特性，同时还具有机械强度高、柔软、耐冲击、易加工成大面积元件、价格便宜等优点。

4.2 热敏传感材料

热敏传感材料是只对温度变化具有灵敏响应的材料。从感受温度的途径来划分，温度的测量可分为接触式和非接触式两类。

接触式测温即通过测温元件与被测物体的接触而感知物体的温度。常见的接触式测温传感器有热膨胀式、热电势式、热电阻式温度传感器以及 PN 结型温度传感器、集成电路温度传感器、热释电式温度传感器等。接触式测温的优点是技术成熟、传感器种类多、选择余地大、测量系统较简单、精度较高。

非接触式测温即通过接收被测物体发出的辐射来得知物体的温度。常见的传感器有光学高温传感器、热辐射式温度传感器等。非接触式测温的优点是测量上限不受测温元件耐热程度的限制、测温速度快，可对运动物体进行温度测量，但测温误差较大。

4.2.1 热电势式测温传感器

两种不同的导体两端相互紧密地连接在一起，组成一个闭合回路，当两接点所处温度不

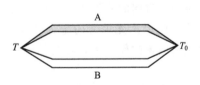

图 4-5 热电偶的结构示意图

同（$T > T_0$）时，回路中就会形成电动势（称为热电势），从而形成热电流，这一现象被称为热电效应。通常把上述两种导体的组合称为热电偶（图 4-5），A、B 两导体称为热电极，处于被测温度场中的接点称为热端（或工作端），另一处于某一较低恒定温度中的接点称为冷端。

我们知道，不同导体的自由电子密度是不同的。当自由电子密度不同的两种导体 A 与 B 紧密接触在一起时（设 $N_A > N_B$），则在单位时间内由导体 A 扩散到导体 B 的电子数要多于反向扩散的电子数。这时导体 A 因失去电子而带正电，而导体 B 则因得到电子而带负电。

于是在 A、B 之间形成一个电动势，即热电势。研究表明，热电偶产生的热电势只与热电极种类及接点温度有关，而与热电极的尺寸、形状无关。因此利用特定材料组成的热电偶，就能准确测定温度。常用的热电偶种类如表 4-1 所示。

表 4-1　常用热电偶种类及特性

热电偶名称	热 电 极 材 料		使 用 温 度/℃	
	极性	成　分	长　期	短　期
铂铑₁₀-铂	+	10%Rh,其余 Pt	0～1400	0～1600
	−	100%Pt		
铂铑₃₀-铂铑₆	+	30%Rh,其余 Pt	0～1600	0～1800
	−	6%Rh,其余 Pt		
镍铬-镍硅(铝)	+	9%～10%Cr,0.4%Si,其余 Ni	0～1000	0～1300
	−	2.5%～3%Si,其余 Ni		
镍铬-镍铜	+	9%～10%Cr,0.4%Si,其余 Ni	0～600	0～800
	−	56%～57%Cu,其余 Ni		
铁-康铜	+	100%Fe	−200～600	−200～800
	−	55%Cu,其余 Ni		
铜-康铜	+	100%Cu	−200～300	−200～350
	−	55%Cu,其余 Ni		
钨铼₅-钨铼₂₆	+	5%Re,其余 W	0～2400	0～3000
	−	26%Re,其余 W		
铱-铱铑₄₀	+	100%Ir	1100～2000	1100～2100
	−	40%Rh,其余 Ir		
铜-金钴	+	100%Cu	4～100K	
	−	2.11%Co,其余 Au		
铬镍-金铁₀.₀₇	+	Ni,Cr	1～300K	
	−	0.03%Fe,其余 Au		

4.2.2　热电阻式温度传感器

热电阻式温度传感器是利用材料的电阻随温度而变化的特性来实现温度测量的。按材料的性质来分，可分为金属测温电阻和半导体热敏电阻温度传感器。

（1）金属测温电阻器　大多数金属导体的电阻随温度而变化的关系为：

$$R_t = R_0[1 + \alpha(t - t_0)] \tag{4-1}$$

式中，R_t、R_0 分别为热电阻在 t（℃）和 t_0（℃）时的电阻值；α 为热电阻的电阻温度系数（1/℃）；t 为被测温度。

由式（4-1）可见，如果金属导体的电阻温度系数 α 保持不变，则金属电阻 R_t 将随温度线性增加。但是绝大多数金属导体的 α 并不是常数，它也随温度而变，只能在一定的温度范围内，将其看作为一个常数。即金属测温电阻器只能在一定的温度范围内工作，且使用前应经过校正。通常的金属测温电阻有金属 Pt、Cu 和 Ni，其中 Pt 具有很好的稳定性和测量精度，可用于高精度的温度测量和标准测温装置。具体性能详见表 4-2。

表 4-2　主要金属测温电阻器的性能

项　　目	Pt	Ni	Cu
使用温度范围/℃	−200～600	−100～300	−50～150
电阻丝直径/mm	0.03～0.07	0.05 左右	0.1 左右
电阻率/(Ω·mm²/m)	0.0981～0.106	0.118～0.138	0.017
0～100℃之间的电阻温度系数/(×10⁻³/℃)	3.92～3.98	6.21～6.34	4.25～4.28

（2）**半导体热敏电阻** 半导体热敏电阻是开发早、种类多、发展较成熟的测温元器件，具有体积小、灵敏度高、精度高的特点，制造工艺简单、价格低廉，因而得到了广泛的应用。按照热敏电阻的温度特性，可分为正电阻温度系数热敏电阻（PTC）、负电阻温度系数热敏电阻（NTC）、临界温度热敏电阻（CTR）和线性热敏电阻材料。各种热敏电阻的特性详见图 4-6。

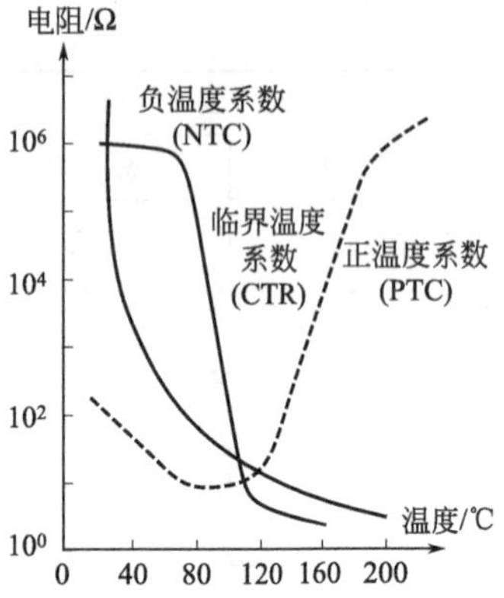

PTC 材料（positive temperature coefficient）是指在某一温度下电阻急剧增加、具有正温度系数的热敏电阻现象或材料，主要包括 $BaTiO_3$ 或 V_2O_3 基的热敏陶瓷。

$BaTiO_3$ 基 PTC 材料是在高纯 $BaTiO_3$ 中掺入施主杂质而得到的一种半导体材料。纯 $BaTiO_3$ 本身是一种绝缘体材料，掺杂的目的就是使 $BaTiO_3$ 材料半导体化。主要选择两类离子作为施主杂质，第一类是与 Ba^{2+} 离子半径相近但化合价高于 2 的离子，如 La^{3+}、Sm^{3+}、Y^{3+} 等；用这种三价离子置换二价的 Ba^{2+} 离子，会使原来基体材料中的 Ti^{4+} 降价为 Ti^{3+}。Ti^{4+} 离子的这种化合价变化相当于 Ti^{4+} 离子捕获了一个电子，但该电子处于弱束缚状态，它能从一个 Ti^{4+} 离子跃迁到另一个 Ti^{4+} 离子上。在无外加电场时，这种电子的跃迁方向是无规则的，故不会产生电流。在有外加电场时，这种电子的跃迁与电场方向一致，从而形成电流。第二类是化合价高于 4 而半径与 Ti^{4+} 相近的离子，如 Nb^{5+} 和 Ta^{5+} 等。

图 4-6 中纵轴为 电阻/Ω，标注有 10^6、10^4、10^2、10^0；横轴为 温度/℃，标注有 0、40、80、120、160、200。图中曲线标注：负温度系数（NTC）、临界温度系数（CTR）、正温度系数（PTC）。

图 4-6　各种热敏电阻的特性

半导体化的 $BaTiO_3$ 陶瓷是一种多晶体材料，晶粒之间存在着晶粒界面。对于导电电子而言，晶粒间界面相当于一个位垒。当温度低时，由于半导体化 $BaTiO_3$ 内电场的作用，导电电子可以很容易越过位垒，所以电阻值较小；当温度升高到居里点温度（一般 $BaTiO_3$ 的居里点温度为 120℃）时，内电场受到破坏，不能帮助导电电子越过位垒，所以表现为电阻值的急剧增加。居里点温度可根据不同需要，通过添加 Pb、Sr、Zr、Sn 等元素加以调整。

$BaTiO_3$ 基 PTC 热敏电阻材料主要用来制作各种家用电器的温度传感器、限流器、发热体和恒温发热体等。由于这种材料的常温电阻率较高，因而不适于在大电流领域的应用。

V_2O_3 基 PTC 陶瓷材料是以 V_2O_3 为主要成分掺入少量的 Cr_2O_3 烧结而成的（$V_{1-x}Cr_x)_2O_3$ 系统固溶体。V_2O_3 基 PTC 陶瓷材料的最大优点是其常温电阻率极小，而且其 PTC 效应是金属-绝缘体相变，不存在电压及频率效应，因而可用于大电流领域的过流保护。

NTC 材料（negative temperature coefficient，简称 NTC）是指随温度上升电阻呈指数关系减小、具有负温度系数的热敏电阻材料。NTC 热敏电阻材料的种类很多，根据使用温度的高低，主要可分为低温、常温和高温 NTC 热敏电阻材料等几类。

低温（<300K）NTC 热敏电阻材料主要是由 MnO、CoO、NiO、Fe_2O_3 和 CuO 等两种或两种以上的氧化物构成的一些 AB_2O_4 尖晶石型氧化物半导体陶瓷。这些金属氧化物都具有半导体性质，类似于锗、硅晶体材料，体内的载流子（电子和空穴）数目少，电阻较高；温度升高时，体内载流子数目增加，自然电阻值降低。这类材料的负电阻温度系数大、性能稳定，可以在空气中使用，被广泛用于低温测温和控温系统。

常温（300～570K）NTC 热敏电阻材料主要为 AB_2O_4 尖晶石型的含锰氧化物。这类材料的导电过程主要是依靠 Mn^{4+} 和 Mn^{3+} 离子之间的价键交换。这类材料的负电阻温度系数也很大、性能稳定,也可以在空气中使用,被广泛用各种取暖设备、家用电器制品和工业用温度检测设备。

高温(570~1773K)NTC 热敏电阻材料的种类较多,一般分为 AO_2 萤石型、AB_2O_4 尖晶石型、ABO_3 钙钛矿型和 Al_2O_3 刚玉型四种类型。萤石型热敏电阻材料是以 ZrO_2 为基的固熔体陶瓷,根据不同需要常添加 CaO、Y_2O_3、CeO_2、Nd_2O_3、ThO_2 等氧化物以改变材料的性能。这类材料采用基于氧离子空位移动的氧离子导电方式,利用氧离子导电和温度的依赖关系,制成用于 570~1773K 温度范围的高温测温传感器。尖晶石型材料是一些 $Mg(CrFeAl)_2O_4$ 固熔体陶瓷,可通过改变 Cr、Fe、Al 的比例来调节电阻值,用于制作 873~1273K 温度范围的测温传感器。钙钛矿型是在 TiO_2 中加入 Cr_2O_3 获得负温度系数的一类材料,常常通过添加一些碱土金属氧化物来改善稳定性。刚玉型热敏材料是一些 Al_2O_3-Cr_2O_3 系陶瓷,材料中添加适量的 MnO 可加大特性曲线的斜率并防止阻值变化。这类材料主要用于工作温度在 1373K 左右的测温传感器。

临界温度热敏电阻材料(critical temperature resistor,简称 CTR)是指在一定的温度发生半导体—金属间相变从而呈现负电阻突变特性的一类材料。主要是一些以 VO_2 为基的半导体材料。工艺上是将 V_2O_5 陶瓷材料在 1000℃左右的还原气氛中烧结并急冷的方法制备 VO_2 基半导体材料。VO_2 的相变温度约为 50℃。单晶和粗粒多晶 VO_2 经长期使用会因反复相变导致性能劣化,一般采用掺入 B_2O_3、SiO_2、P_2O_5 等酸性氧化物和 MgO、CoO、SrO、BaO、La_2O_3、PbO 等碱性氧化物,使 VO_2 微晶化的方法来解决这一问题。所制成的 VO_2 微晶陶瓷在 63~67℃之间存在负电阻突变临界温度,被广泛用于火灾报警和温度的报警、控制和测量等场合。

线性热敏电阻材料是指 CdO-Sb_2O_3-WO_3 系列呈线性阻温特性的陶瓷。这类陶瓷实际上是绝缘体 $CdWO_4$ 和半导体 $Cd_2Sb_2O_7$ 的机械混合物。工艺上常加入在烧结时会形成液相的 Al_2O_3、SiO_2、Sb_2O_3 和 Li_2O 的混合物,以便得到致密的烧结体。

4.2.3　PN 结型测温传感器与集成电路温度传感器

众所周知,半导体 PN 结的许多性质都与温度有关,如它的反向电流随温度升高而增大、扩散电容则随温度升高而减小等,这些性质原则上都可用来测温,但由于它们与温度关系不呈线性关系,因而测温不够理想。实践证明,PN 结的正向电压与温度的关系则很好,在常温区域内有较理想的线性关系,即:

$$V_t = \alpha + \beta T \tag{4-2}$$

式中,V_t 为 PN 结的正向电压;α、β 为常数,与 PN 结的材料与制作工艺有关;T 为被测温度场的温度。

PN 结型测温传感器又称为温敏二极管,可以工作在常温区域(一般指 -50~200℃范围内),它的灵敏度高、线性好、输出阻抗小,同时利用 PN 结本身具有的单向导电性,可以在远距离群测温检线路中实现特殊接法,使线路简化、降低成本、提高可靠性。

目前的温敏二极管主要有 Si、$GaAs$、$GaAsP$、SiC 温敏二极管等。Si 温敏二极管的制造工艺成熟、成本低,在低温下有较高灵敏度,是目前用量最大的一种 PN 结型测温传感器,最高使用温度在 250℃以下。$GaAs$ 温敏二极管的磁灵敏度很低,常常用于强磁场下的低温测量。采用 $GaAs$、$GaAsP$、SiC 等温敏二极管时,最高使用温度可达 400℃以上,但传感器的互换性与稳定性等问题还有待于进一步提高。

在研究二极管的温敏特性的同时，人们也发现可以利用晶体管的温度特性制成一种新型的温敏晶体管，如图 4-7 所示。在恒定集电极电流的条件下，晶体管发射结上的正向电压随温度上升而近似线性下降，且表现出比温敏二极管更好的线性和互换性。

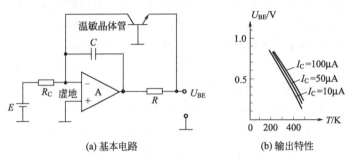

(a) 基本电路　　　　　　　(b) 输出特性

图 4-7　温敏晶体管的基本电路及输出特性

集成电路温度传感器是将测温用的温敏晶体管及其外围电路集成在同一单片上的集成化温度传感器。图 4-7(a) 示出了一种最常用温敏晶体管的基本电路。温敏晶体管作为负反馈元件跨接在运算放大器的反相输入端和输出端，同时基极接地。电路的这种接法使得发射结为正偏，而集电结几乎为零偏。零偏的集电结使得集电极电流中不需要的空间电荷区中生成电流、反向饱和电流及表面漏电流为零，而发射极电流中的发射结空间电荷区复合电流和表面漏电流作为基极电流入地。因此集电极电流 I_C 完全由扩散电流成分组成。其大小仅取决于集电极电阻 R_C 和电源电压 E，而与温度无关，从而保证了温敏晶体管处于恒流工作状态。图 4-7(b) 给出了这个电路的输出特性，即温敏晶体管的 U_{BE} 与温度的关系。

与分立元件的温度传感器相比，集成电路温度传感器的最大优点在于小型化、使用方便和成本低廉，因此近年来得到迅速发展，成为半导体温度传感器的主要发展方向之一。

4.2.4　热释电式传感器

当一些晶体受热时，在晶体两端会产生数量相等而符号相反的电荷，这种由于热变化而产生的电极化现象称为热释电效应。在 32 个晶体点群中，有十类晶体具有自发极化效应，这些晶体的自发极化随温度发生变化是热释电效应的来源，自发极化的大小与晶体结构有着密切的联系。对于晶格结构各向异性的铁电材料，随着温度的升高，各个晶轴的伸长是不同的，甚至可能缩短，有着向对称性高的方向衍化的趋势，结构上各向异性的逐渐减小，导致自发极化逐渐减小，因此产生热释电效应。热释电效应的大小与晶格结构随温度的变化密切相关。

图 4-8 为热释电红外传感器的结构及电路图。

能产生热释电效应的晶体成为热释电体，常见的热释电体有单晶，如铌酸锂（$LiNbO_3$）、钽酸锂（$LiTaO_3$）、铌酸锶钡（SBN）、硫酸三甘肽 [（NH_2CH_2COOH）$_3$ H_2SO_4，简称 TGS] 等；热释电陶瓷和薄膜材料，如钛酸钡（$BaTiO_3$）、钛酸铅（$PbTiO_3$）、钛酸铅镧（PLT）、锆钛酸铅（PZT）、高钛酸铅镧（PLZT）等；热释电塑料，如聚氟乙烯（PVF）、聚偏二氟乙烯（PVDF）等。

表 4-3 列出了部分常见热释电体的性能数据，TGS 材料具有很好的热释电系数，但其居里温度只有 49℃，且在水中具有可溶性，限制了它的实际应用。$PbTiO_3$ 和 $LiTaO_3$ 则具有较高居里温度、热释电系数和低介电常数，实用价值较高。

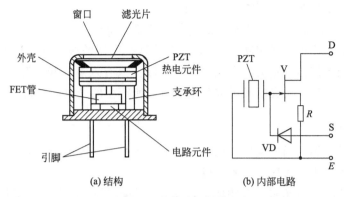

(a) 结构　　　　　　　(b) 内部电路

图 4-8　热释电红外传感器结构及电路图

表 4-3　部分常用热释电体的性能

热释电材料	居里温度/℃	介电常数	热释电系数/[$\times 10^{-8}$C/($cm^2 \cdot$ K)]
TGS 晶体	49	35	4.0
LaTaO₃ 单晶	618	43~54	1.8~2.3
PZT 陶瓷	200~270	380~1800	1.8~2.0
LiNbO₃ 单晶	1200	30	0.4~0.5
PbTiO₃ 陶瓷	470	200	6.0
SBN 单晶	115	380	6.5
PVDF 有机高分子	120	1.1	0.24

利用热释电效应可制成性能良好的红外敏感元件,这种红外热敏元件可以实现非接触、高灵敏度、宽范围(−80~1500℃)的温度测量,对波长依赖性小、能检测任意红外线,能在常温工作,且快速响应。

4.3　光敏传感材料

光敏传感材料就是在光的辐照下会产生各种光电效应,进而将光信号转换为电信号的一类光电传感器材料。

4.3.1　光电效应

光电效应分为外光电效应和内光电效应两大类。

(1) 外光电效应　在光线的作用下,物体内的电子逸出物体表面向外发射的现象称为外光电效应,向外发射的电子称为光电子。

光子是具有能量的粒子,每个光子具有的能量为:

$$E = h\nu \tag{4-3}$$

式中,h 为普朗克常数,6.626×10^{-34}J·s;ν 为光的频率,s^{-1}。

物体中的电子吸收了入射光子的能量,当足以克服逸出功 A_0 时,电子就逸出物体表面,产生光电子发射。如果一个电子要想逸出,光子能量 $h\nu$ 必须超过逸出功 A_0,超过部分的能量表现为逸出电子的动能。根据能量守恒定理:

$$h\nu = \frac{1}{2}mv_0^2 + A_0 \tag{4-4}$$

式中，m 为电子质量；v_0 为电子逸出速度。

式（4-4）称为爱因斯坦光电效应方程。由式可知，光电子能否产生，取决于光子的能量是否大于该物体的表面电子逸出功 A_0。不同物质具有不同的逸出功，这意味着每一个物体都有一个对应的光频阈值，称为红限频率或波长限；只有入射光频率高于物质的红限频率，才会有光电子射出。当入射光的频谱成分不变时，所产生的光电流与入射光强成正比。

从式（4-4）还可看出，光电子逸出物体表面时即具有初始动能 $\frac{1}{2}mv_0^2$，因此在外光电效应器件中，即使没有施加阳极电压，也会有光电流产生。如欲使光电流为零，必须加负的截止电压，而且截止电压与入射光的频率成正比。

（2）内光电效应 当光照射在物体上，使物体的电阻率 $1/R$ 发生变化，或产生光生电动势的效应称为内光电效应。内光电效应又可分为光电导效应和光生伏特效应两类。

在入射光的作用下，电子吸收光子能量从键合状态过渡到自由状态，从而引起材料电导率的变化，这种现象被称为光电导效应。

光电导型又可细分为本征光电导型和非本征光电导型两种。当入射光子能量大于半导体材料的禁带宽度时，会将价带中的电子激发到导带而在价带中产生空穴，导带中电子和价带中空穴的增加致使光导体的电导率变大。这种由带间吸收形成的载流子产生的电导称为本征光电导，能产生本征光电导的半导体材料称为本征半导体。为了实现电子能级的跃迁，入射光的能量必须大于光电导材料的禁带宽度 E_g，即：

$$h\nu = \frac{hc}{\lambda} = \frac{1.24}{\lambda} \geqslant E_g \tag{4-5}$$

式中，ν、λ 分别为入射光的频率和波长。

对于一种光电导体材料，总存在一个照射光波长限 λ_C，只有波长小于 λ_C 的光照射在光电导体上，才能产生电子能级间的跃迁，从而使光电导体的电导率增加。

当入射光子能量小于材料的禁带宽度时，束缚在杂质能级上的电子和空穴也可能被激发到导带或价带上形成自由载流子并产生电导，这种电导称为非本征光电导。本征型光电导探测器是常规光电导型探测器的主流，可用具有不同宽度和光电性能的半导体材料制作，以适应不同工作波段和性能的需要。非本征型光电导材料一般只用来制作工作在中、红外波段的探测器。

光生伏特效应是利用半导体 PN 结在光的照射下产生光电势的现象。在半导体 PN 结中，当光线照射 PN 结时，如光子能量大于禁带宽度 E_g，使价带中的电子跃迁到导带而产生电子空穴对，在阻挡层内电场的作用下，被光激发的电子移向 N 区外侧，而被光激发的空穴移向 P 区外侧，从而使 P 区带正电，N 区带负电，形成光电动势，这就是所谓的结光电效应。

4.3.2 半导体光电探测器材料

根据使用波长的不同，半导体光电探测器材料又可分为宽禁带紫外探测器材料、短波红外光电探测器材料和中、长波红外量子阱光电探测器材料等。

宽禁带紫外光电探测器材料主要有 IV_A 族的 SiC 和金刚石，III-V 族的氮化物 GaN、AlN、InN 及其合金，以及 II-VI 族化合物 ZnO、ZnS、ZnSe、ZnTe、CdO、CdS、CdSe、CdTe、MnO、MnS、MnSe、MnTe 及其合金等。

ⅣA 族 SiC 材料的优点是具有高的禁带宽度、较高电子饱和漂移速度、击穿场强、较高热导率和化学稳定性等，因而是制作紫外光电探测器的理想材料，但它的缺点是其禁带宽度固定不变，在 3eV 左右，不像有些合金那样可以调节。因此其截止波长约为 430nm，还不足以抑制太阳光谱中紫外-近紫外（300～400nm）部分的影响，限制了其在日盲（即对可见光谱不敏感）要求较高的场合下的应用。

ⅣA 族金刚石的禁带宽度为 5.5eV，截止波长为 225nm，是理想的中紫外和远紫外光电探测器材料，其缺点是制备难度大、不易掺杂。

在Ⅲ-Ⅴ族氮化物中，GaN 是研究得最多的二元化合物。GaN 的禁带宽度为 3.4eV，截止波长为 365nm，是较理想的紫外光电探测器材料，不过其截止波长还不够短，日盲特性还不够好。但可以利用外延生长工艺形成 AlGaN 或 InGaN 三元合金，在一定的范围内调节禁带宽度和截止波长，来实现足够好日盲特性。这种三元合金适于制作中紫外波段（200～300nm）的光电探测器。

短波红外（1～3μm）光电探测器材料分为两类：一类用于光通信波段（1.3～1.65μm）；另一类用于环保测量和医疗等适用的波段（2～3μm）。用于短波红外波段的材料主要是ⅣA 族或Ⅲ-Ⅴ族材料如 Ge、InGaAs、InAs 等。InP 最适合 1.3μm 和 1.55μm 这两个光通信常用波长，故广泛被用作 InGaAs 光电探测材料的衬底。用于 2～3μm 波段的光电探测器材料主要是含 Sb 的Ⅲ-Ⅴ族化合物半导体，如 InAsPSb、InGaAsSb 和 AlGaAsSb 等，主要用于环保监控方面的气体探测；衬底材料一般采用 InAs 或 GaSb。

中波红外（3～5μm）和长波红外（8～14μm）波段是大气吸收较少的两个重要波段，因此光电探测器在这两个波段的应用较多。长波红外波段的光电探测器用于近室温物体的探测，中波红外波段的光电探测器则用于温度较高的物体的探测。用于这两个波段的光电探测器材料主要有 InSb 和 HgCdTe 窄禁带半导体材料。窄禁带半导体材料的缺点是化学稳定性和机械强度低，为此人们还尝试应用较宽禁带的半导体材料来制作用于这两个波段的光电探测器件。这种光电探测器一般都采用量子阱结构。其中用于中波红外波段的量子阱材料、量子阱势垒材料和衬底材料分别是 InGaAs、InAlAs 和 InP；用于长红外波段的分别是 GaAs、GaAlAs 和 GaAs。

高性能红外探测器一般都是基于半导体的内光电效应制作的，光电探测材料被封装在低温真空杜瓦瓶内后，置于红外成像系统的焦平面上工作。在新一代的红外探测器——红外焦平面阵列（infrared focal plane array，简称 IRFPA）中，光电探测器材料和信息处理电路都被置于焦平面上，光信号转换成电子信号后，以 CCD 工作方式将信号电荷注入至多路传输器后输出，广泛用于红外热成像、红外搜索、跟踪、导弹寻的、空中监视和红外对抗等军事系统，是目前光电武器装备的关键器件之一。目前用于制作 IRFPA 的材料主要有 HgCdTe、InSb、PtSi 等，其中 HgCdTe 是目前最重要的 IRFPA 材料，被广泛用于制作 1～3μm、3～5μm 和 8～12μm 三个红外波段的 IRFPA 器件；而 InSb、PtSi 则应用于 3～5μm 波段的 IRFPA 器件。

4.3.3 光电探测器件

利用物质在光的照射下的光电效应可以制成多种性能优良的光电探测器件。如利用外光电效应可以制成光电管和光电倍增管，而利用内光电效应则可制成光敏电阻、光电池和光敏晶体管等。

（1）光电管 光电管有真空光电管和充气光电管两类，两者结构相似，如图 4-9 所示。

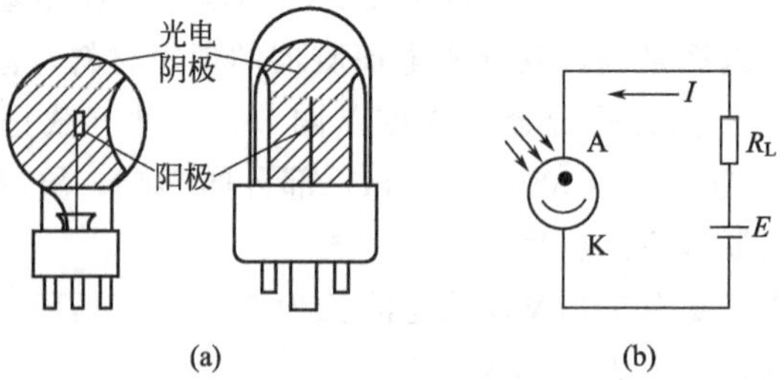

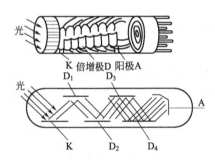

图 4-9　光电管的结构

它们由一个阴极和一个阳极构成，并且密封在一只真空玻璃管内。阴极装在玻璃管内壁上，上面涂有 Cs-Sb、As-O-Cs、Ag-Bi-O-Cs 等光电发射材料。Ag-O-Cs 材料是一种将 Ag 超微粒子埋藏在 $Cs_xO(2 \leqslant x \leqslant 3)$ 基质中而构成的金属超微粒子-半导体介质复合体系。阳极通常用金属丝弯曲成矩形或圆形，置于玻璃管的中央。当光照在阴极上时，中央阳极可以收集从阴极上逸出的电子，在外电场作用下形成电流 I，如图 4-9(b) 所示。充气光电管内充有少量的 Ar 或 Ne 等惰性气体，当充气光电管的阴极被光照射后，光电子在飞向阳极的途中，与气体原子发生碰撞而使气体电离，因此增大了光电流，从而使光电管的灵敏度增加；但这也会导致充气光电管的光电流与入射光强度不成比例关系，因而使充气光电管的稳定性较差、惰性大、受温度影响大，且容易老化。因此随着信号放大技术的不断提高，以及真空式光电管灵敏度的不断提高，目前广泛使用的是真空式光电管。

当入射光很微弱时，普通光电管产生的光电流很小，很不容易探测，这时常用光电倍增管对电流进行放大，图 4-10 是光电倍增管的外形和工作原理图。

（2）光电倍增管　光电倍增管由光阴极、次阴极（倍增电极）以及阳极三部分组成。光阴极是由半导体光电材料 Cs-Sb 制成。次阴极则是在镍或铜-铍的衬底上涂上 Cs-Sb 材料而形成的；次阴极通常为12～14级，多的可达 30 级。阳极是最后用来收集电子的，它输出的是电压脉冲。

表 4-4 中列出了一些材料及其二次电子发射比。

图 4-10　光电倍增管的外形和工作原理

表 4-4　各种材料的二次电子发射比

物 质	二次电子发射比 δ_{max}	物 质	二次电子发射比 δ_{max}
Fe	1.32	Cu-BeO	6.2
Ni	1.27	Ag-MgO-Cs	9.2
Cu	1.35	Cs-Sb	10
Au	1.47	GaP-Cs	20～40
BaO	5		

光电倍增管除光电阴极外，还有若干个倍增电极。使用时在各个倍增电极上均加上电压。阴极电位最低，从阴极开始，各个倍增电极的电位依次升高，阳极电位最高。同时这些倍增电极用次级发射材料制成，这种材料在具有一定能量的电子轰击下，能够产生更多的"次级电子"。由于相邻两个倍增电极之间有电位差，因此存在加速电场，对电子加速。从阴极发出的光电子，在电场的加速下，打到第一个倍增电极上，引起二次电子发射。每个电子

能从这个倍增电极上打出 3～6 倍个次级电子。被打出来的次级电子再经过电场的加速后，打在第二个倍增电极上，电子数又增加 3～6 倍，如此不断倍增，阳极最后收集到的电子数将达到阴极发射电子数的 $10^6～10^8$ 倍。这样光电倍增管的灵敏度就比普通光电管高几十万到几千万倍以上，因此在很微弱的光照时就能产生很大的光电流。

（3）光敏电阻　光敏电阻又称为光导管，其结构较简单 [图 4-11(a)]，即在玻璃底板上均匀地涂上薄薄的一层半导体物质，半导体的两端装上金属电极，并使电极与半导体层可靠地电接触，然后装入塑料封装体内。为了防止周围介质的污染，在半导体光敏层上覆盖一层漆膜，漆膜成分的选择应该使它在光敏层最敏感的波长范围内透射率最大。

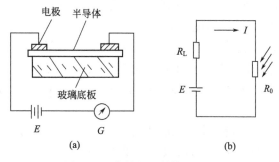

图 4-11　光敏电阻结构示意图

光敏电阻在受到光的照射时，因内光电效应使其导电性能增强，电阻值 R_0 下降，因此流过负载电阻 R_L 的电流及其两端电压也随之变化 [图 4-11(b)]。光线越强，电流越大；当光照停止时，光电效应消失，电阻恢复原值，因而可将光信号转换为电信号。

并非一切纯半导体都能显示出光电特性。对于不具备这一条件的物质可以加入杂质使之产生光电效应特性。用来产生这种效应的物质包括 Ge、Si 和 Ⅱ-Ⅵ族、Ⅳ-Ⅳ族中的一些半导体化合物等。其中最常用的是 CdS、CdSe 和 PbS 等半导体化合物。CdS 和 CdSe 的禁带宽度分别为 2.4eV 和 1.7eV，对应的峰值波长分别为 $0.5\mu m$ 和 $0.72\mu m$，而且 CdS 和 CdSe 具有很好的固溶性，可以任意比例烧结，因而通过调节两者的配比可使固熔体的峰值波长在 520～720nm 之间连续变化，以适应可见光范围的不同需求。PbS 的光谱响应范围宽（1～$3\mu m$），是适用于近红外区的光敏电阻材料。光敏电阻具有优良的灵敏度、光谱特性、使用寿命和稳定性能，体积小、制造工艺简单，因而被广泛地用于信息技术中。

（4）光电池　光电池是在光线照射下，直接能将光量转变为电动势的光电元件。光电池的种类很多，有硒光电池、氧化亚铜光电池、硫化铊光电池、硫化镉光电池、锗光电池、硅光电池、砷化镓光电池等；其中最受重视的是硅光电池和硒光电池。

硅光电池是在一块 N 型硅片上用扩散的方法掺入一些 P 型杂质（如硼）以形成 PN 结，如图 4-12 所示。入射光照射在 PN 结上时，若光子能量 $h\nu$ 大于半导体材料的禁带宽度 E_g，则在 PN 结内产生电子—空穴对。在内电场的作用下，空穴移向 P 型区，而电子移向 N 型区，使 P 型区带正电，N 型区带负电，因而 PN 结产生电势。

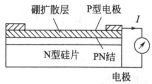

图 4-12　硅光电池结构示意图

硒光电池则是在铝片上涂硒，再用溅射工艺在硒层上形成一层半透明的氧化镉，并在正

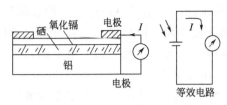

图 4-13　硒光电池结构示意图

反两面喷上低熔点合金作为电极，如图 4-13 所示。在光线照射下，镉材料带负电，硒材料上带正电，应而形成光电流或光电势。

硅光电池的光谱范围在 $450 \sim 1100nm$ 范围，而硒光电池的光谱范围则在 $340 \sim 750nm$ 范围，因此硒光电池适用于可见光，常用于照度计测定光的强度。

（5）光敏晶体管　光敏二极管的结构与一般二极管相似，它装在透明玻璃外壳中，其 PN 结装在管顶，可直接受到光照射。光敏二极管在电路中一般是处于反向工作状态，如图 4-14 所示。它在没有光照射时，PN 结的反向电阻很大，反向电流很小，这种反向电流也称为暗电流。当有光照射时，光敏二极管处于导通状态，其光电流 I 与照度之间呈线性关系。

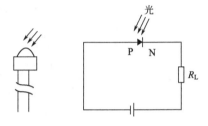

图 4-14　光敏二极管及其接线

光敏三极管的结构与一般三极管也很相似，有 PNP 型和 NPN 型两种，只是它的发射极一边做得很大，以扩大光的照射面积，且其基极往往不接引线。光敏三极管同样也有两个 PN 结（图 4-15），因此具有电流增益。当集电极加上正电压，基极开路时，集电极处于反向偏置状态。当光线照射在集电结的基区时，会产生电子—空穴对，光生电子被拉到集电极，基区留下空穴，使基极与发射极间的电压升高，这样就有大量的电子流向集电极形成输出电流，且集电极电流为光电流的数倍。

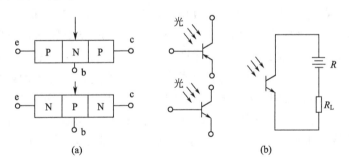

图 4-15　光敏三极管及其基本工作电路

用于光敏二极管的光敏材料主要是 Si 和 CdS 等，光敏三极管的制作则常用 Si 材料。用 Si 材料制作光敏二极管时，因衬底材料阻值的不同，器件的性能会有很大的不同。常用衬底材料分为中阻材料（$10\Omega \cdot cm$）和高阻材料（$100\Omega \cdot cm$）两类。以中阻材料为衬底的光敏二极管具有响应速度快、开路电压高、暗电流小等优点，实际使用得较多，但这类材料的缺点是红外灵敏度低。用 Si 材料制作红外光敏二极管时，一般以高阻材料为衬底，但其响应速度较慢。

（6）新型高速光电器件　随着高速光通信和信息处理技术的发展，提高光电传感器的响应速度变得越来越重要，因而人们相继开发、研制了一批高速光电器件，如 PIN 结光电二极管、雪崩光电二极管等。

PIN 结光电二极管结构如图 4-16 所示，它与一般 PN 结光敏二极管不同之处在于 P 层和 N 层之间增加了一层很厚的高电阻率的本征半导体 I，同时又将 P 层做得很薄。当入射光照射在很薄的 P 层上时，大量的光透过而被后面较厚的 I 层吸收，激发较多的载流子并形成光电流。

在 PN 结上施加反向电压时，分别处于 N 区、P 区的电子和空穴要向对方区扩散，因而在 PN 结 P 区一侧留下带负电的杂质离子，而在 N 区一侧留下带正电的杂质离子，即形成很薄的空间电荷区。在该区域中，多数载流子已扩散到对方而消耗尽了，故又称为耗尽层。在 PIN 结光电二极管中，I 层为高阻层，它在工作状态下承受了绝大部分的外加电压，使耗尽层增厚，从而展宽了光电转换的有效工作区，提高了器件灵敏度。同时 I 层的存在提高了器件的击穿电压，这样就可选用一些低电阻率的基体材料，从而减小了器件的串联电阻和时间常数。这样在 PIN 结上施加的强反向偏压就会加速光电子的定向运动，大大减小了漂移时间，因而提高了器件的响应速度。目前 PIN 结光电二极管在光通信技术中得到了广泛的应用，目前可接收的信号速率最高可达 100GB/s。

雪崩式光电二极管（avalanche photo diode，简称 APD）不同于普通的二极管结构（图 4-17），它在 PN 结的 P 型区外侧增加一层掺杂浓度极高的 P^+ 层。当在其上施加高反偏压时，以 P 层为中心的两侧产生极强的内部加速场（可达 10^5 V/cm）。当光照射时，P^+ 层受光子能量激发的电子从价带跃迁到导带。在高电场作用下、电子高速通过 P 层，并在 P 区产生碰撞电离，形成大量新生电子-空穴对，并且它们也从电场中获得高能量，与从 P^+ 层来的电子一起再次碰撞 P 区的其他原子，又产生大批新生电子-空穴对。当所加反向偏压足够大时，不断产生二次电子发射，形成"雪崩"样的载流子，构成强大的光电流。因此 APD 的响应时间极短、灵敏度很高，同样在光通信技术中得到广泛应用。

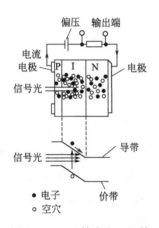

图 4-16　PIN 结光电二极管

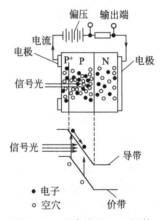

图 4-17　雪崩式光电二极管

4.3.4　摄像材料

摄像材料就是利用光电转换效应将输入景物图像转换或增强为可观察、记录、传输、存储图像的光电探测材料。在摄像材料中，输入与输出均为光信号影像的称为像管材料。而输入为光信号，输出为视频信号影像的称为摄像材料。根据摄像器件的结构，摄像材料又可分为电真空摄像管材料和固体摄像器件材料。

电视摄像管是将聚焦于输入端的光学图像变换成视频信号或电视信号的一种电子器件。摄像管种类繁多，其中以采用光电导体作为光电转换元件的电子束管（光电导摄像管或视像管）和采用光电阴极作为光电转换元件的光电管（超正析像管）这两大类最重要。

视像管是小型的电视摄像管，主要用于闭路电视和工业电视。其靶极为具有光电导效应的光电导材料。用电子束对各像素所对应的光电导靶扫描，即可将靶上与光学图像对应的电荷随转化为电子信号。靶材料以硫族元素及其化合物为主。现用视像管为靶材有 PbO 和 SeAsTe 等，PbO 视像管常用于广播级摄像机，图像质量好、灵敏度高、光电转换线性好。SeAsTe 视像管常用于业务级摄像机，价格较低，图像质量和性能接近 PbO 视像管。

图 4-18 为慢电子束扫描视像管及其光电靶的结构示意图。视像管主要由电子枪、线圈及光电靶三部分组成。其中电子枪由灯丝、阴极、控制栅极、加速极和聚焦极等组成，通过灯丝加热阴极来产生热电子发射。线圈包括偏转、校正及聚焦线圈三部分，偏转线圈产生偏转磁场致使电子束扫描，校正线圈起克服散焦作用，聚焦线圈则促使电子束进一步聚焦。光电靶如图 4-18(b) 所示，由玻璃板、信号板、光电阴极组成；信号板为均匀喷涂在玻璃板上的一层透明导电层，光电阴极则由蒸镀在信号板上具有内光电效应的一层材料所构成。由于电子束的扫描作用，客观上将靶面分成诸多的像素，每个像素可看成是一个光敏电阻与一个电容相并联。当靶面无光照时，各像素的电阻很大；而当电子束扫描到某一像素的瞬间，该像素与电源 E 与阴极接成通路，于是电容经电阻 R_L 而被充电；当电子束离开该像素时，电容则通过 R_L 放电。由于光敏电阻的阻抗与光照度有关，因此照度的大小直接影响到充电电流的大小；在电子束进行逐行扫描的情况下，即将光学图像转变成相应的电位图像。

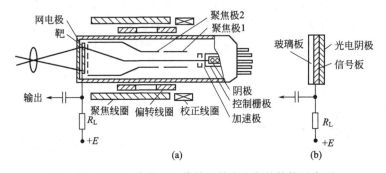

图 4-18　慢电子束扫描视像管及其光电靶的结构示意图

此外，许多摄像管还利用光阴极来实现图像的光电转换。这种摄像管是光电倍增管的一个分支，由光电阴极、聚焦、偏移、析像孔与倍增五部分组成。目前，采用光电阴极的有分流正析像管、次级电子传导摄像管、硅靶增强摄像管、增强硅靶放大摄像管等，变像管（将不可见光影像转换为可见影像）、像增强器和电子照相机等也采用光电阴极。

光电阴极材料主要有 Ag-O-Cs 光电阴极材料和多碱光电阴极材料等。Ag-O-Cs 光电阴极材料对整个可见光和近红外波段有极好的响应，但灵敏度不高、暗发射强。常见的多碱光电阴极有锑化铯（Cs_3Sb）、多碱（如 $Na_2KSb：Cs$、K_2CsSb）阴极等。Cs_3Sb 的量子效率高、室温热离子发射低，适用于闪烁计数倍增管。Na_2KSb 双碱阴极的性能优于 Cs_3Sb，稳定性较好，适于在较高温度下使用。而 $Na_2KSb：Cs$ 不仅量子效率高，还具有很宽的光谱响应范围，其长波阈已扩展至近红外区。

负电子亲合势材料是一类新型的电子发射材料，一些半导体的真空能级低于导带极小，在它们的原子洁净表面上通过吸附电正性元素（电负性元素亦可），就产生一种降低真空能级的偶极层，这时导带内的电子由于在表面上没有荷正电的势垒而逃逸进入真空。1965 年人们将 Cs 吸附在 GaAs 上首次获得了负电子亲和势，以后又获得了多种负电子亲和势材料，如 GaP：Cs、GaAs：Cs-O、Si：Cs-O 等，利用它们可以制成性能优良的光电阴极和二次发射打拿极（Dynode）。

4.3.5　光固态图像传感器

光固态图像传感器由光敏元件阵列和电荷耦合器件集合而成。其核心是以电荷耦合器件（charge coupled device，简称 CCD）。它具有失真度极小、体积小、质量轻、集成度高、析像度高、功耗低、耐冲击和抗电磁干扰能力强等许多优点，因此自 1970 年问世以来就在信息技术领域得到了极为广泛的应用。

电荷耦合器件 CCD 是由若干个电荷耦合单元组成，其结构如图 4-19 所示。CCD 的最小单元是在 P 型（或 N 型）硅衬底上生长一层厚度约为 120nm 的 SiO_2 层，再在 SiO_2 层上以一定次序沉积铝电极而构成 MOS 结构的电容式转移器阵列。将 MOS 阵列加上输入、输出端，便构成了 CCD 器件。

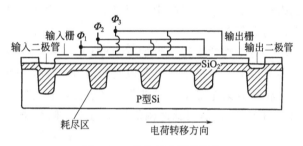

图 4-19　CCD 的 MOS 结构

当在 CCD 器件的 MOS 结构单元上加正偏压 V_G 时（衬底接地），正电压 V_G 超过 MOS 晶体管的开启电压，由此形成的电场穿过 SiO_2 薄层，在 Si-SiO_2 界面处的表面势能发生相应变化，附近的 P 型硅中的多数载流子（空穴）被排斥到表面，半导体内的电子被吸引到界面处来，从而在表面附近形成一个带负电荷的耗尽区，也称表面势阱（图 4-20）。对带负电的电子来说，耗尽区是个势能很低的区域。如果此时有光照射在硅片上，在光子的作用下，半导体硅产生了电子-空穴对，由此产生的光生电子就被附近的势阱所吸引，势阱内所吸引的光生电子数量与入射到该势阱附近的光强成正比，存储了电荷的势阱被称为电荷包，而同时产

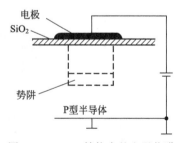

图 4-20　MOS 结构中的电子势阱

生的空穴则被电场排斥出耗尽区。在一定条件下，所加电压 V_G 越大，耗尽区就越深，MOS 电容器所能容纳的少数载流子电荷量就越大。对于 N 型硅衬底的 CCD 器件，电极加负偏压，少数载流子为空穴。

CCD 器件有两种基本类型：一种是电荷包存储在半导体与绝缘体之间的界面，并沿界面传输，称为表面沟道 CCD；另一种是电荷包存储在离半导体表面一定深度的体内，并在半导体体内沿一定方向传输，称为体沟道或埋沟道 CCD。下面以表面沟道 CCD 为例介绍它的工作原理。

表面沟道 CCD 的典型结构由三部分组成：输入部分，包括一个输入二极管和一个输入栅，其作用是将信号电荷引入到 CCD 的第一个转移栅下的势阱中；主体部分，即信号电荷

转移部分，实际上是一串紧密排列的 MOS 电容器，其作用是存储和转移信号电荷；输出部分，包括一个输出二极管和一个输出栅，其作用是将 CCD 最后一个转移栅下势阱中的信号电荷引出，并检出电荷所运输的信息。CCD 的基本工作过程包括信号电荷的产生、存储、传输和检测等过程。

（1）信号电荷的产生　当光线投射到 CCD 表面的光敏像素（MOS 结构单元）上时，光子穿过透明电极及氧化层，进入 P 型硅衬底，衬底中处于价带的电子吸收光子能量而跃迁至导带，形成电子—空穴对。电子—空穴对在外加电场作用下分别向电极两端移动，其多数载流子被栅极电压排开，少数载流子则被收集在势阱中形成信号电荷。信号电荷 Q 与光照强度（或光子流速率）Δn_0、光照时间 T_c、光敏单元面积 A 成正比，即：

$$Q = \eta q \Delta n_0 A T_c \tag{4-6}$$

式中，η 为量子效率；q 为电子电荷量。

（2）信号电荷的存储　当金属电极上施加一个正阶跃电压时，SiO_2 界面上多数载流子（空穴）被排斥到底层，在界面处感生负电荷，中间则形成耗尽层，而在半导体表面形成电子势阱。当信号电荷到来时，随即落入势阱中，形成电荷包。电子势阱的深、浅随栅压的高低变化，势阱越深则存储的电荷越多。

（3）信号电荷的传输　对于彼此靠得很近的 CCD 单元，只要将按一定规律变化的电压（时钟脉冲）加到 CCD 各电极上，电极下的电荷包就能沿着半导体表面按一定方向逐单元地移动。当电荷包中的电子转移到某个栅下时，被收集区收集，在等效电阻上产生电流，并转化为电压信号串行输出（图 4-21），输出脉冲幅值依次与原来储存于原来势阱中电荷包的电子数成正比。通常把 CCD 电极分为几组，每组称为一相，并施加同样的时钟脉冲。所需相数由 CCD 内部结构决定。通常有二相、三相、四相 CCD。四相 CCD 与三相、二相器件相比，有利于提高转移效率，能适应更高的时钟频率。

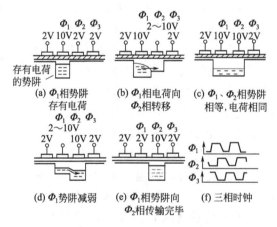

图 4-21　CCD 信号电荷的传输

（4）信号电荷的检测　电荷的输出过程可看成是输入过程的逆过程。CCD 最后一个栅极中的电荷包通过输出栅形成的"沟道"进入到输出二极管（反偏压输出二极管），此二极管将信号电荷收集并送入前置放大器，从而完成电荷包上的信号检测。根据输出先后可以判别出电荷是从哪个光敏单元来的，并根据输出电荷量可知该光敏单元受光的强弱。

根据图像传感器的摄取图像维数，CCD 器件可分为线列和面阵两大类，用于摄取线图像的称为线列 CCD（LCCD），用于摄取面图像的称为面阵 CCD（SCCD）。如果按光谱分类，则可分为可见光 CCD、红外 CCD、X 射线 CCD 和紫外光 CCD 等。

可见光 CCD 又可分为黑白 CCD、彩色 CCD 和微光 CCD 三大类。彩色 CCD 摄像机小型轻便、功耗低、启动快、没有残像灼伤，能够拍摄高速运动的物体，已经成为数码摄影、摄像的重要装备。按照电视摄像机的类型，彩色 CCD 摄像机还可分为三片式、二片式和单片式三种类型。三片式彩色 CCD 摄像机工作时，景物经过摄像镜头和分光系统形成红、绿、蓝三个基色，分别照射到三片 CCD 上。二片式 CCD 彩色摄像机则用一片 CCD 接收绿色信号，另一片 CCD 接收红、蓝信号。单片式 CCD 彩色摄像机是在 CCD 片上制作有棋盘式滤色膜，利用一片 CCD 分别接收三种基色。

Si-CCD 图像传感器的波长敏感区通常在 $0.4 \sim 1.1 \mu m$（可见光及近红外光）范围内，这种器件对红外光则不敏感。红外 CCD 则常利用窄禁带半导体材料，如 InAs、InSb、HgCdTe 和 PbSnTe 等，它们的吸收限在红外光谱范围内；也可采用离子注入方式，在 Si 基体的光敏面内适当进行 P、Ga 或 In 掺杂，当温度足够低时，这些杂质处于未电离状态；当受到红外照射时，其电离产生的载流子和红外辐射强度有关。此外，利用在硅上面直接淀积金属制成肖特基势垒、或利用异质结 CCD 也可进行红外图像传感。

4.4 磁敏传感材料

磁敏传感材料是指对磁场敏感并具有电磁效应的一类传感材料，磁敏传感器包括半导体磁敏电阻、霍尔传感器、强磁性薄膜磁敏电阻和磁敏晶体管等几种。

4.4.1 半导体磁敏电阻

在半导体磁敏电阻材料上沿与电流流向相垂直的方向加以磁场时，由于霍尔电场和洛伦兹磁力的作用，电流与合成电流成一霍尔角 θ 流动，从而使电流路径增长、阻值增大。其中的电流分布随磁场而变化，阻值也就随磁场而变化。对于只有一种载流子的半导体，其电导率的变化可表示为：

$$\frac{\rho - \rho_0}{\rho_0} = \frac{\Delta \rho}{\rho_0} = 0.275 \mu^2 B^2 \tag{4-7}$$

式中，ρ 和 ρ_0 分别表示磁感应强度为 B 和 0 时的电阻率；μ 为载流子的迁移率。当有空穴和电子两种载流子时，电阻率的变化为：

$$\frac{\Delta \rho}{\rho_0} = \frac{\rho}{n} \mu_n \mu_p B^2 \tag{4-8}$$

式中，n 为电子密度；ρ 为空穴密度；μ_n 为电子迁移率；μ_p 为空穴迁移率。

从式(4-7)、式(4-8) 中可以看出，要使磁阻效应大，材料的载流子迁移率要大。

半导体磁敏材料常用的有 InSb 和 InAs 以及它们的某些共晶材料。

InSb 单晶通常是由高纯的铟和锑直接化合，经区域提纯而成。InSb 磁敏电阻分为体型和薄膜型。体型是将 InSb 单晶片（厚度为 $300 \sim 600 \mu m$）粘贴到绝缘基片上，然后经加工使单晶片厚度减少到 $5 \sim 10 \mu m$。体型制备工艺复杂、材料利用率低、成本高。InSb 薄膜磁敏电阻是通过真空蒸发或溅射工艺在基片上制成 InSb 薄膜和电极薄膜的，通常是采用真空蒸发工艺制作薄膜，蒸发工艺对 InSb 薄膜的结构和性能影响很大。

在 InSb-NiSb 共晶体磁敏电阻中，NiSb 的质量分数为 1.8%。在共晶体中 NiSb 以针状体（直径 $1\mu m$，长约 $100\mu m$）的形式定向排列，由于它的电阻率远小于 InSb，因此针状 NiSb 相当于无数金属丝或金属界面，它的存在能明显改变共晶体的磁阻效应。为了改善共晶体的温度特性，还可掺入 N 型施主杂质 Te 或 Se。

InSb-In 共晶薄膜采用真空蒸发技术制成，其中析出的是定向排列的 In 针状结晶，能改善材料的磁阻效应。In 结晶在沉积同时就开始生长，并穿过 InSb 薄膜表面。膜层表面 In 针状结晶的长度为 $20\sim30\mu m$。它在 InSb 薄膜中的定向，可通过在蒸发过程中调节基片表面的温度梯度来控制。这时的 InSb 薄膜为 <111> 取向的 InSb 单晶。

InAs 的温度特性比 InSb 好，其温度稳定性为 $0.1\%/℃$，主要用作体型半导体磁敏电阻。

4.4.2 霍尔传感器

霍尔传感器是利用霍尔效应工作的一种磁敏传感器。如图 4-22 所示，将一载流导体放

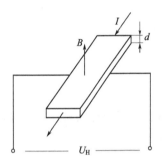

图 4-22 霍尔效应原理图

入磁场中，如果磁场方向与电流方向正交，则在与磁场和电流两者均垂直的方向上将会出现横向电势。这一现象称为霍尔效应，相应的电势称为霍尔电势。霍尔电势 U_H 的大小与激励电流 I 和磁感应强度 B 有关，即：

$$U_H = -\frac{R_H}{d}IB = K_H IB \tag{4-9}$$

式中，R_H、K_H 分别为霍尔系数与灵敏度；d 为霍尔元件的厚度。

霍尔系数是由材料性质决定的一个常数，与材料的电阻率和迁移率成正比。为了提高灵敏度，要求材料的电阻率高，同时迁移率也高。一般金属的载流子迁移率高，但电阻率低；绝缘体的电阻率很高，但载流子的迁移率极小。只有半导体才是两者兼优的制造霍尔元件的理想材料。

当控制电流一定时，霍尔电势与磁感应强度成正比。利用这个原理制作的霍尔传感器可用于测量交流、直流磁感应强度和磁场强度，其结构简单、体积小、质量轻、使用方便，目前已经得到广泛应用。

4.4.3 强磁性材料

强磁性薄膜磁敏电阻是在 20 世纪 70 年代中期出现的一种磁敏元件，它与半导体磁敏电阻和霍尔器件相比，具有如下特点：对于弱磁场的灵敏度很高（达 $25mV/mA \cdot 30G$）；具有倍频特性及磁饱和特性；灵敏度具有方向性；可取性高；温度特性好；使用温度宽；成本低。

强磁体磁阻效应的基本特征是电流在平行与垂直磁化方向的电阻率不相同。因为强磁性材料的磁化方向与电流方向夹角不同，其阻值有所变化，产生了"磁各向异性效应"，这可能是由于自发磁化造成能带结构改变，从而使得导电电子的散射几率变化所致。当磁化方向平行于电流方向时，阻值最大，在磁化方向垂直于电流方向时，则阻值最小。阻值的表达式为：

$$\rho_\theta = \rho_\perp \sin^2\theta + \rho_{/\!/} \cos^2\theta \tag{4-10}$$

式中，θ 为磁化方向与电流方向的夹角；$\rho_\perp$ 为磁化方向垂直电流方向时的电阻率；$\rho_{/\!/}$

为磁化方向平行于电流方向时的电阻率。

目前强磁性薄膜磁敏电阻所用的材料主要是 Ni-Co 合金和 Ni-Fe 合金。磁敏电阻所用的 Ni-Co、Ni-Fe 合金薄膜，通常是用块状合金材料进行真空蒸发或溅射而形成的。

4.4.4　磁敏晶体管

磁敏晶体管是 PN 结型磁电转换元件，具有输出信号大、灵敏度高、工作电流小、体积小等特点。

磁敏二极管的结构如图 4-23 所示，它是一种电阻随磁场的大小和方向而改变的结型两端器件。在一块高纯本征半导体材料锗的两端用合金法或扩散法分别制成 P 型和 N 型区。在 P、N 区之间有一个较长的本征区 I，本征区的一个侧面磨成光滑的复合表面（为 I 区），另一侧面打毛，设置成高复合区（为 r 区），其目的是因为电子空穴对易于在粗糙表面复合而消失。当通

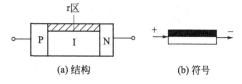

图 4-23　磁敏二极管结构示意图

以正向电流后就会在 P、I、N 结之间形成电流，因此磁敏二极管为 PIN 型。

当磁敏二极管未受到外界磁场作用时，外加正偏压，如图 4-24(a) 所示，有大量的空穴从 P 区通过 I 区进入 N 区，同时也有大量电子注入 P 区而形成电流。只有少量电子和空穴在 I 区被复合掉。

当磁敏二极管受到外界磁场 H^+（正向磁场）作用时，如图 4-24(b) 所示。电子和空穴受到洛仑兹力的作用而向 r 区偏转，由于 r 区的电子和空穴复合速度比光滑面 I 区快，因此形成的电流因复合速度而减小。

当磁敏二极管受到外界磁场 H^-（反向磁场）作用时，如图 4-24(c) 所示，电子、空穴受到洛仑兹力作用而向 I 区偏移，由于电子、空穴复合率明显变小，则电流变大。

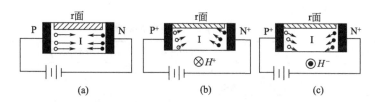

图 4-24　磁敏二极管的工作原理示意图

利用磁敏二极管在磁场强度的变化下，其电流发生变化，于是就实现磁电转换。

磁敏三极管实在弱 P 型或弱 N 型本征半导体上用合金法或扩散法形成发射极、基极和集电极（图 4-25）。其最大特点是基区较长，基区结构类似磁敏二极管，也有高复合速率的 r 区和本征 I 区。长基区分为输运基区和复合基区。

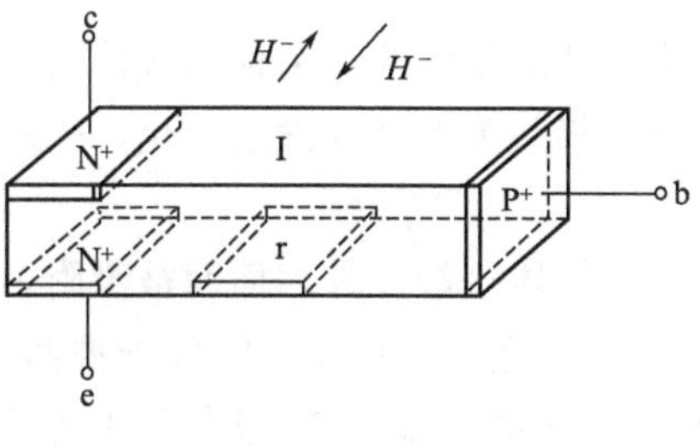

当磁敏三极管未受到磁场作用时［图 4-26(a)］，由于基区宽度大于载流子有效扩散长度，大部分载流于通过 e 极-I 区-b 极而形成基极电流，少数载流子输入到 c 极。因而形成了基极电流大于集电极电流的情况，使 $\beta = \dfrac{I_c}{I_b} < I$。

图 4-25　NPN 型磁敏三极管的结构

当受到正向磁场（H^+）作用时，由于磁场的作用，洛仑兹力使载流子偏向发射结的一侧，导致集电极电流显著下降，如图 4-26(b) 所示。当反向磁场（H^-）作用时，在 H^- 的作用下，载流子向集电极一侧偏转，使集电极电流增大，如图 4-26(c) 所示。由此可知，磁敏三极管在正、反向磁场作用下，其集电极电流出现明显变化。这样就可以利用磁敏三极管来测量弱磁场、电流、转速、位移等物理量。

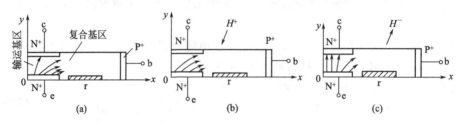

图 4-26　磁敏三极管的工作原理

4.5　气敏传感材料

气敏传感材料是对气体敏感，材料电阻值会随外界气体种类和含量而变化的一类敏感材料，常用来制作各种气敏传感器。

4.5.1　气敏传感材料的分类和原理

气敏传感材料可分为半导体材料和非半导体材料两类，目前实际使用最多的是半导体气敏传感材料。按照与气体相互作用部位的不同，半导体气敏材料可分为表面控制型和体控制型两类；而按照半导体不同物理特性的变化，又可分为电阻式和非电阻式两类，具体如表 4-5 所示。

表 4-5　半导体气敏材料的种类

项　目	主要物理特性	类　型	气敏材料	工作温度/℃	主要检测气体
电阻式	电阻	表面控制型	SnO_2、ZnO 等的烧结体、薄膜、厚膜	室温～450	可燃性气体
		体控制型	$La_{1-x}Sr_xCoO_3$、γ-Fe_2O_3、TiO_2 烧结体、MgO、SnO_2	300～450 以上 700 以上	酒精、可燃性气体、氧气
非电阻式	二极管整流特性	表面控制型	Pt-CdS、Pt-TiO_2（金属-半导体结型二极管）	室温～200	氢气、一氧化碳、酒精
	晶体管特性	表面控制型	Pb-MOSFET	150	氢气、硫化氢

电阻式半导体气敏元件是利用半导体材料接触到气体时其阻值的改变来检测气体的；而非电阻式半导体气敏元件则是根据气体的吸附和反应，使其某些关系特性发生变化，来对气体进行直接或间接的检测。

电阻式半导体气敏元件被加热到稳定工作状态，被检测气体接触元件表面而被吸附，吸附分子在元件到表面上自由扩散（物理吸附），失去其运动能量。一部分气体分子被蒸发，另一部分残留分子产生热分解而固定在吸附处（化学吸附）。这时，如果 N 型半导体的功函数大于气体吸附分子的离解能，气体的吸附分子将向半导体释放出电子而成为正离子吸附。

供给半导体的电子将束缚半导体本身的自由电荷中的少数载流子——空穴。因此在导带上参与导电的自由电子的复合率减少，从而表现出自由电子数增加，半导体元件的阻值减小。具有这种正离子吸附的气体称为还原性气体，如 H_2、CO、碳氢化合物和酒类等。如果半导体的功函数小于气体吸附分子的亲和力，则吸附分子将从半导体夺取电子而变成负离子吸附。具有负离子吸附的气体称为氧化性气体，O_2、NO_x 等。负离子吸附的气体应为夺取了半导体的电子，而将空穴交给半导体，使导带的自由电子数目减少，因此元件的阻值增大。

4.5.2 半导体气敏材料

SnO_2 是具有较高电导率的 N 型金属氧化物半导体。SnO_2 系多孔质烧结体型气敏元件，是目前应用广泛的一种元件，它是用 $SnCl_4$ 和 SnO_2 粉末在 $700\sim900℃$ 下烧结而成的。在元件中添加 Pt、Pd 等作为催化剂，可以提高其灵敏度和气体选择性。添加剂的成分与含量、元件的烧结温度、工作温度都会影响元件对气体的选择性。如在同一工作温度下，含 1.5% 的 Pd 的元件对 CO 最敏感，而含 0.2% 的 Pd 时则对甲烷最灵敏。同一含 Pt 的气敏元件，在 200℃ 以下时检测 CO 最好，而在 300℃ 时检测丙烷、400℃ 以上检测甲烷最佳。近年来发展的厚膜 SnO_2 气敏元件，添加了 ThO_2 后，具有非常高的对 CO 检测灵敏度，可用来对 CO 进行定量检测。

ZnO 也是 N 型半导体。ZnO 基气敏材料到最突出优点是气体选择性强。纯 ZnO 的灵敏度和气体选择性并不高，但掺入 Sb_2O_3、Cr_2O_3 或 Gd_2O_3 后，若以 Pt 为催化剂即可显著提高对烷类碳氢化合物的灵敏度，若以 Pd 为催化剂则对 H_2 和 CO 灵敏度很高。ZnO 中掺入 V_2O_5 或 Ag_2O 后，则可提高对乙醇、苯和丙酮的灵敏度。

$\gamma\text{-}Fe_2O_3$ 气敏材料的特点是本身的灵敏度、稳定性和气体选择性都比较好，主要用于对异丁烷和液化石油气的检测。$\gamma\text{-}Fe_2O_3$ 的电阻高，它与还原性气体接触时会被还原成电阻低的 Fe_3O_4，因此通过检测电阻的变化即可测出待测气体的含量。$\gamma\text{-}Fe_2O_3$ 和 $\alpha\text{-}Fe_2O_3$ 在 $370\sim650℃$ 之间会发生由 γ 型向 α 型转变的不可逆相变，由于 γ 型的灵敏度比 α 型的高，故应当尽量使 Fe_2O_3 的结构保持为 γ 型。方法之一是提高发生不可逆相变的温度，如掺入 Al_2O_3 和 La_2O_3 后可使相变温度提高，从而使材料的稳定性得以提高。

ZrO_2 气敏材料主要用于氧气的检测，被广泛用于检测汽车空/燃比、金属熔体或烟道气中的氧含量等。它对氧气的检测基于浓差原理。测量时，被测气体与参比气体（一般采用空气）分别处于 ZrO_2 气敏材料的两侧，两侧氧分压的不同造成的化学势差异导致氧离子从氧浓度高的一侧向低浓度一侧移动，从而在这两侧产生氧浓度差电动势。由此，根据参比气体的氧分压，即可测得另一侧被测气体的氧分压。ZrO_2 中还常掺入 Al_2O_3、MgO、CaO 或 Y_2O_3，以改善稳定性。

TiO_2 的电阻值会随温度和氧浓度变化，主要也用于氧的测定。TiO_2 具有无需参比气体、结构简单、工作温度低等优点，但元件的工作温度变化也会引起电阻值的变化，检测稳定性不如 ZrO_2 气敏材料，因此在汽车工业中，目前仍主要采用 ZrO_2 氧传感器。

4.6 湿敏传感材料

湿敏传感材料是指电阻值随环境湿度的增加而显著增大或减小的一类材料。湿敏材料的种类很多，目前应用较多的有半导体陶瓷湿敏材料和高分子湿敏材料等。

半导体陶瓷湿敏元件通常为用两种以上的金属氧化物半导体材料混合烧结成的多孔陶瓷，这些陶瓷材料包括 $ZnO-Li_2O-V_2O_5$ 系、$Si-Na_2O-V_2O_5$ 系、$TiO_2-MgO-Cr_2O_3$ 系、Fe_3O_4 系等。其中前三种材料的电阻率随湿度增加而下降，称为负特性湿敏半导体陶瓷；而 Fe_3O_4 的电阻率随湿度增加而增大，则称为正特性湿敏半导体陶瓷。

在负特性湿敏半导体陶瓷中，由于水分子中的氢原子具有很强的正电场，当水在半导体陶瓷表面吸附时，就有可能从半导体表面俘获电子，使半导体陶瓷表面带负电。如果该陶瓷是 P 型半导体，则由于水分子吸附使表面电势下降，将吸引更多的空穴到达其表面，因而其表面层的电阻下降。若该半导体陶瓷为 N 型，由于水分子的附着使表面电势下降，如果表面电势下降甚多，不仅使表面层的电子耗尽，同时吸引更多的空穴到达表面层，有可能使到达表面层的空穴浓度大于电子浓度，出现所谓表面反型层，这些空穴称为反型载流子。它们同样可以在表面迁移而对电导做出贡献，而是 N 型半导体陶瓷的表面电阻下降。

而在正特性湿敏半导体陶瓷中，当水分子附着半导体陶瓷的表面使电势变负时，导致其表面层电子浓度下降、但还不足以使表面层的空穴浓度增加到出现反型的程度，此时仍以电子导电为主。于是表面电阻将由于电子浓度的下降而加大。故这一类半导体陶瓷材料的表面电阻将随湿度的增加而加大。

$MgCr_2O_4-TiO_2$ 湿敏材料为负特性半导体陶瓷材料。$MgCr_2O_4$ 为 P 型半导体，它的电阻率较低、阻值温度特性好。为了提高湿敏材料的机械强度和抗热聚变特性，故在陶瓷中引入了 TiO_2，$MgCr_2O_4$ 与 TiO_2 的比例为 70：30。陶瓷薄片的两侧将它们置于 1300℃ 的温度

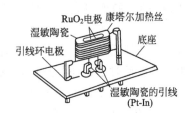

RuO₂电极 康塔尔加热丝
湿敏陶瓷
引线环电极 底座
湿敏陶瓷的引线
(Pt-In)

图 4-27　湿敏元件结构示意图

中烧结而成陶瓷体。然后，将该陶瓷体切割成薄片，印制并烧结叉指形氧化钌电极，便成了感湿体。在感湿体外罩上一层加热丝，用以加热清洗污垢，提高感湿能力，如图 4-27 所示。

高分子电容式湿敏元件是利用湿敏元件的电容值随湿度变化的原理进行湿度测定的。将具有感湿的高分子聚合物（如乙酸-丁酸纤维素、乙酸-丙酸纤维素等）制成感湿薄膜，薄膜覆盖在叉指形金电极（下电极）上，然后在感湿薄膜表面上再蒸镀一层多孔金属电极（上电极），即构成了一个平行板电容器，如图 4-28 所示。当环境中的水分子沿着多孔电极的毛细微孔进入感湿膜而被吸附时、湿敏元件的电容值与相对湿度之间呈正比关系。

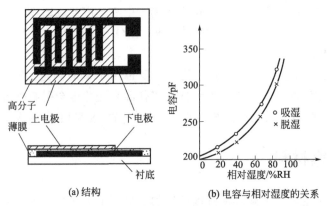

高分子薄膜　上电极　下电极　衬底

(a) 结构

(b) 电容与相对湿度的关系

图 4-28　高分子电容式湿敏元件

4.7　光纤传感材料

光纤传感材料是指相位、极化、波长、幅度、模功率分布、光程等光学参数会随着被测环境或物体的物理量或化学量的变化而变化的一类光纤材料。

光纤传感器根据其传感原理分为两大类：一类为传光型，也称为非功能型光纤传感器；另一类为传感型，或称为功能型光纤传感器。

传光型光纤传感器主要利用已有的其他敏感材料作为其敏感元件，传光介质是光纤，所以采用通信光纤甚至普通的多模光纤就能满足要求。

传感型光纤传感器是利用对外界信息具有敏感能力和检测功能的特殊光纤作为传感元件，信息的"传"与"感"合为一体。在这类传感器中，光纤不仅起传光的作用、而且还利用光纤在外界因素（弯曲、相变）的作用下，其光学特性（光强、相位、偏振态等）的变化来实现传和感的功能。因此传感型光纤传感器中的光纤是连续的。常用的光纤传感材料如表4-6 所示。

表 4-6　常用光纤传感材料

待测物理量	类型	调制方式	光学现象	纤芯材料
电流磁场	传感型	偏振 相位	法拉第效应 磁致伸缩效应	石英系玻璃、铝丝玻璃等 多模光纤、铁镍合金等
	传光型	偏振	法拉第效应	YIG 系强磁体、FR-5 铅玻璃
电压电场	传感型	偏振 相位	Pockels 效应 电致伸缩效应	亚硝基苯胺 陶瓷振子、压电元件
	传光型	偏振	Pockels 效应	$LiNbO_3$、$LiTaO_3$、$Bi_{12}SiO_{20}$
温度	传感型	相位 光强 偏振	干涉现象 红外透射 双折射变化	石英系玻璃 SiO_2、CaF_2、ZrF_2 石英系玻璃
	传光型	透射率 光强	禁带宽度变化 透射率变化 荧光辐射	GaAs、CdTe 半导体 石蜡 $(Gd_{0.99}Eu_{0.01})_2O_2S$
速度	传感型	相位 频率	Sagnac 效应 多普勒效应	石英系玻璃 石英系玻璃
振动压力	传感型	频率 相位	多普勒效应 干涉现象	石英系玻璃 石英系玻璃
	传光型	光强 光强	散射损失 反射角变化	多模光纤、胆甾醇 $C_{45}H_{78}O_2$＋VL-2055 液晶 薄膜
射线	传感型	光强	生成着色中心	石英系玻璃、铅玻璃
图像	传感型	光强	光纤束成像 多波长传输 非线性光学 光的聚焦	石英系玻璃 石英系玻璃 非线性光学元件 多成分玻璃

光纤传感材料具有优良的传光性能，传光损耗很小、频带宽，可进行超高速测量，灵敏度和线性度好。光纤传感器体积很小，质量轻，能在恶劣环境下进行非接触式、非破坏性以及远距离测量。

4.8 生物传感材料

生物传感器是以生物活性物质作为敏感元件，利用分子识别作用发生生物化学反应，产生离子、质子、气体、光、热、质量变化等信号，并利用适当的换能器转换产生光、电信号的一类传感器。

根据生物敏感材料的不同，生物传感器可分为酶传感器、微生物传感器、免疫传感器、组织传感器、基因传感器等几种。

酶在生化反应中具有特殊的催化作用，可使糖类、醇类等生物分子迅速被分解或氧化。酶传感器的基本原理就是利用电化学装置检测在酶催化反应过程中产生或消耗的化学物质，并将其转变为电信号输出，其结构主要由具有选择性响应的感受器酶膜和换能器基础电极组合而成。常用的酶有葡萄糖氧化酶、淀粉酶、尿酶、乳酸氧化酶、胆固醇氧化酶、L-氨基酸酶、亚硝基还原酶等，分别用于检测葡萄糖、麦芽糖、蔗糖、尿素、乳酸、胆固醇、L-氨基酸、亚硝基氧化物等物质。常见的换能器基础电极包括氧电极、过氧化氢电极、氢离子电极、二氧化碳电极、氨敏电极等。酶传感材料主要用于医学分析、工业在线检测和环境监测等领域。

组织传感器利用天然动植物组织中酶的催化作用，本质上也属于酶传感器。这类传感器所选用的酶存在于天然的动植物组织中，其性质稳定、催化效率高、寿命较长，同时生物组织来源丰富，通常具有一定的膜结构和机械性，适于直接固定做膜；因此组织传感器制作简便、价格便宜。如把大豆粉直接用戊二醛固定成膜，覆盖在氨或二氧化碳气敏电极上构成尿素传感器，就可用来测定尿液中的尿素含量。常用的动物组织传感材料是一些动物的肝、肾、胸腺、肌、小肠等，而植物组织传感材料是一些瓜类、蔬菜叶子、鲜花和水果等，主要用于对人体的医学诊断，如对谷氨酰胺、尿酸、维生素 C、腺苷等物质含量的测定等。

微生物传感器是将微生物的活细胞固定在膜上。当被检测的物质可以促进或抑制某种微生物的呼吸功能时，通过检测出微生物呼吸的耗氧量，即可得知被测物质的数量。常用微生物种类包括荧光假单胞菌、硝化菌、芸苔丝孢酵母、硝化杆菌、大肠杆菌、鞭毛甲基单胞菌、酪酸羧菌、芽孢杆菌等，分别用于检测葡萄糖、氨、乙酸、亚硝酸盐、维生素 B_{12}、甲烷、甲酸、尿酸等物质。

免疫传感器是利用抗体与抗原的特异性反应来检测物质的一类传感器。抗原是一种能进入动物机体使其产生免疫反应的物质。抗体则是存在于动物基体中的能识别对应的抗原并与该抗原发生特异结合反应的免疫球蛋白。利用抗体对其相应的抗原的识别和特异结合功能，即可制备出用来测定甲胎蛋白、绒毛膜促进激素、胰岛素、白喉抗毒素和乙型肝炎抗原等含量的各种免疫传感器，对临床医学诊断和治疗具有重要的作用。

基因传感器利用通过固定在传感器探头表面上的已知核苷酸序列的单链 DNA 分子作为核酸探针（也称为 ssDNA 探针），可用来探测待测基因中的一些单链核酸（被称为目的片断）。若目的片段含有与探针同源的碱基顺序，传感器表面就会形成稳定的双链核酸分子（dsDNA），进而可采用电极电化学、光学法、石英晶体振荡器等方法来探测是否形成双链核酸分子，以获取待测基因的相关信息。近年来出现的 DNA 芯片就是将具有特定序列的单链 DNA 分子以很高密度有序地固定在玻璃或硅基片上而制成的。目前一块高密度的 DNA 芯片上已经能够集成几十万个不同的 DNA 片段。DNA 芯片的研究尚处于实验室研究阶段，这类芯片诱人的市场需求已经带动了其他信息芯片如蛋白质芯片、激素芯片、药物芯片、离子芯片及其他生物芯片的研究开发。

生物传感器的应用前景非常广阔，应用领域日益拓宽，随着微电子技术及生物技术的不断发展，生物传感器正趋向微型化、集成化、智能化。未来的生物传感器将集体积小、功能强、响应快、灵敏度高、选择性好等特点，成为一种广泛应用的优质信息传感技术。

第5章 信息存储材料

信息存储材料是指用于各种存储器的一些能够用来记录和存储信息的材料。这类材料在一定强度的外场（如光、电、磁或热等）作用下会发生从某种状态到另一种状态的突变，并能使变化后的状态保持比较长的时间，而且材料的某些物理性质在状态变化前后有很大差别。因此通过测量存储材料状态变化前后的这些物理性质，数字存储系统就能区别材料的这两种状态并用"0"和"1"来表示它们，从而实现存储。如果存储材料在一定强度的外场作用下，能快速从变化后的状态返回原先的状态，那么这种存储就是可逆的。

信息存储材料的种类很多，主要包括磁存储材料、半导体存储器材料、光盘存储材料、铁电存储材料等。它们实现信息存储的原理各不相同，存储性能也有很大差异，因而分别适用于不同的应用场合。

5.1 磁存储材料

磁存储就是通过电磁转换将能转变成电信号的信息（如声音、图像、数据及文字等）记录和存储在磁存储介质上。所谓磁存储（记录）介质是指利用矩形磁滞回线或磁矩的变化来存储信息的一类磁性材料。早在 1898 年，人们就发现磁介质可以用来记录信号，两年后丹麦的 V. Poulsen 演示了其研制的世界上第一台钢丝录音电话机。至 20 世纪 40 年代，磁带录音机开始其商业应用，由此走上飞速发展之路。目前磁存储技术在金融、计算机、文化艺术、军事等领域得到广泛应用。

5.1.1 磁存储原理

物质在磁场 H 的感应下会被磁化，形成磁偶极子即磁矩。单位体积中的磁矩 M 被称为磁化强度。磁性材料（特指铁磁性材料，又称强磁性材料）的特点是对外加磁场特别敏感、磁化强度 M 大。磁性材料的 M 和磁场 H 的关系很复杂，需用磁化曲线和磁滞回线来描述。

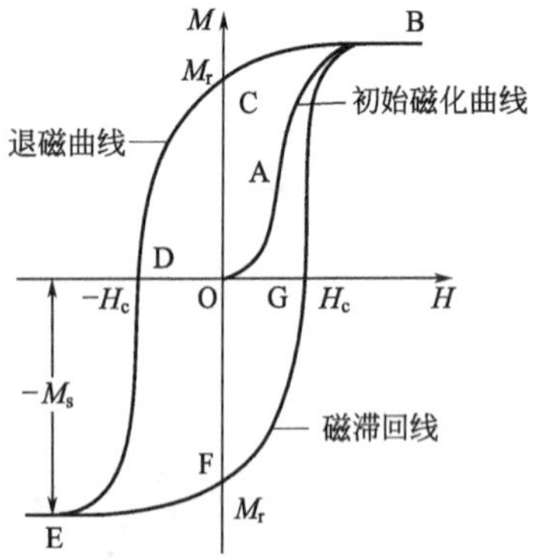

图 5-1 磁性材料的磁化曲线
和磁滞回线

图 5-1 为磁性材料的磁滞回线。把一块未磁化的磁性材料置于磁场 H 中，若从零开始缓慢增大磁场，即可观察到磁化强度 M 随 OAB 曲线变化，最后在 B 点达到饱和。继续增大磁场，M 不再增大。OAB 曲线称为初始磁化曲线。此时若减小磁场，M 并不沿初始磁化曲线原路返回，而是沿 BCD 曲线变化，当磁场 H 为零时，磁化强度 M 不等于零，而是等于 M_r（称为剩余磁化强度）。继续

减小磁场至 D 点时，磁场变为 $-H_c$，这时 M 才重新回到零。H_c 值称为磁性材料的矫顽力。此时若继续增加反向磁场，M 值就会在负方向上迅速增大，然后在 E 点再次达到饱和。若从这种负饱和状态开始，再次向正方向增大磁场，这时磁化曲线将沿着新路径 EFGB 变化。由图 5-1 可见，EFGB 曲线以原点 O 为对称点与 BCDF 曲线呈现对称形式。由这两条区线闭合而成的回线，称为磁滞回线。

磁存储技术就是利用磁滞回线的两个剩磁状态 $+M_r$ 和 $-M_r$ 来记忆二进制数字信号"0"和"1"的。磁存储密度 D 与磁存储材料的关系为：

$$D = \frac{(H_c/M_r m)}{h} \tag{5-1}$$

式中，h 为磁性薄膜的厚度；H_c 为矫顽力；M_r 为剩余磁化强度；m 为与磁滞回线的矩形度有关的因子。

因此，如要提高磁存储密度，介质的 H_c/M_r 比和介质磁滞回线的矩形比要大，介质的厚度要薄。由于记录信号强度正比于剩余磁化强度 M_r，因此为提高 H_c/M_r 比，介质的矫顽力应当要大。

5.1.2　磁存储系统

磁存储系统一般由磁头、记录介质、电路和伺服机械等部分组成。

磁头是电磁转换器件，它是磁存储系统的核心部件之一，按其功能可分为记录磁头、重放磁头和消磁磁头三种。记录磁头的作用是将输入的记录信号电流转变为磁头缝隙处的记录磁化场，并感应磁存储介质产生相应变化，将信息记录下来［图 5-2(a)］。重放磁头的作用正好相反，当磁头经过磁介质时，磁存储介质的磁化区域就会在磁头导线上产生相应的电流，即把已记录信号的记录介质磁层表露磁场转变为线圈两端的电压（即重现电压），经电路的放大和处理，从而读出已记录的声音、图像等信息［图 5-2(b)］。消磁磁头的作用则是将信息从磁存储介质上抹去，就是使磁层从磁化状态返回到退磁状态。

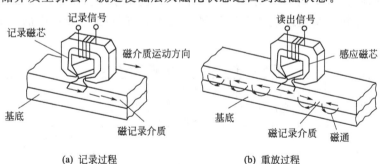

(a) 记录过程　　　　　　　　　　(b) 重放过程

图 5-2　磁记录/重放过程示意图

铁磁性物质分为软磁性材料和硬磁性材料。软磁性材料的矫顽力低、磁导率高、磁滞损耗低，这种材料容易磁化，也容易退磁。硬磁性材料则相反，其具有高矫顽力和低磁导率，磁滞特性显著。磁头应具有高 M_r/H_c 值、低磁滞损耗，因此常用的磁头磁芯材料为软铁磁性合金材料（如坡莫合金、铁硅铝合金）和软磁性铁氧体材料（如热压铁氧体材料、单晶铁氧体材料）等。

磁记录介质也是磁存储系统的核心部件之一。各种磁记录介质的要求一般为：磁矫顽力适当高，以有效存储信息；饱和磁化强度高，以获得高的输出信息；矩形比高，以减小自退磁效应，提高信息记录效率；磁滞回线陡直，以提高记存信息分辨率；磁性温度系数低、老化效应小，以提高磁记录的稳定性；磁层表面均匀、光洁、耐磨。因此磁记录介质为硬铁磁性的粉体或薄膜材料，其产品包括磁带、硬磁盘、软磁盘、磁卡片等；从结构上可分为磁粉涂布型介质和连续薄膜型介质两大类，而从记录方式则可分为模拟记录和数字记录两类。

5.1.3 磁带、磁盘存储材料

磁带存储的记录方式灵活多样、简单而廉价，因而长期以来得到了广泛的应用。磁带主要由磁性材料、带基、黏结剂及各种添加剂等几部分组成。磁带用磁性材料有磁性粉末材料和磁性薄膜材料两种；磁带的带基一般选用具有较好机械强度、稳定性及柔韧性，表面光滑且不受温度或湿度变化影响的聚氯乙烯（PVC）、聚酯（PET）薄膜等材料。

磁带存储的特点是价格便宜、数据载体可以更换、存储容量可以随意扩充，但磁带的结构使之只能按顺序存取，因此在使用上受到很大限制。而对于磁盘来说，其不仅可以按顺序存取数据，而且还能直接随机存取所需数据，存取时间比磁带更短、也可随意更换载体、扩充容量，因此在计算机设备中大量应用。不过，由于磁带的写和读的速度一样，当所需记录数据块很大时，磁带的写入速度要快于光盘等其他记录介质，因此适用于大型数据备份场合，目前在金融机构中仍起重要作用。

根据磁盘所用基体材料的类型，可将磁盘分为硬盘和软盘两种。前者以硬质铝合金等作为基体，后者则以软塑料等作为基体。

磁盘的磁迹是以盘心为中心的若干同心圆，它被分成若干相等的部分——扇区，以扇区为单位进行数据存取操作。扇区有硬扇区和软扇区之分。通过一个轮毂的若干物理槽口或在扇区标识每个部分的始端和末端标志来划分的区段称作硬扇区；与此对应的是由电气方式来划分成若干相等区段，称为软扇区。扇区的开头都预先录有包括磁迹序号在内的扇区地址。在存储数据之前，要对磁盘进行格式化，即告诉计算机，在磁盘或磁盘组的什么地方可以进行数据存取，规定磁迹位置、主数据磁迹以及替换磁迹等。

目前常用的磁记录材料种类有 γ-Fe_2O_3 磁粉、包钴 γ-Fe_2O_3 磁粉、CrO_2 磁粉、钡铁氧体磁粉、金属磁粉以及连续金属膜磁记录介质等。各种磁记录介质的主要性能详见表5-1。

表 5-1 各种磁记录介质的主要性能

材料种类	性能	饱和磁矩 /(emu/g)	居里温度 /℃	磁晶各向异性常数 /(erg/cm³)	矫顽力/Oe	矩形比	颗粒尺寸 (l=长，w=宽) /μm
氧化物磁粉	γ-Fe_2O_3	74	590	4.64×10^4	250~365	0.7~0.8	$l=0.2~0.7$, $l/w\approx10$
	Fe_3O_4	84	575	1.1×10^9	350~450	0.7	$l=0.2~0.7$, $l/w\approx10$
	γ-$Co_xFe_{2-x}O_3$	44~50		1×10^6	400~600	0.7	立方 0.05~0.08≈0.2
	$Co_xFe_{3-x}O_4$	65~80	520~570	$3~6\times10^5$	600~980	0.65~0.1	六方 0.08~0.3
	$BaFe_{12}O_{19}$	58		3.3×10^4	200~2000	<0.94	
金属磁粉	Fe	104~159	700~900	4.8×10^5	645~740	0.57~0.9	0.01~0.02
	Fe-Co	107~200		4.8×10^5	900~1000	0.9	0.01~0.02
金属薄膜	Fe	218~120	770	4.8×10^5	>800	0.95	
	Co-Ni-P				300~1300	0.75~0.9	0.1~0.2

γ-Fe_2O_3 粉是目前使用最多的磁粉，曾在录音磁带、计算机磁带、软磁盘及硬磁盘的制备方面占有重要地位。γ-Fe_2O_3 是尖晶石晶体结构的针状晶体，其长短轴之比一般在5~10之间，也可以达到20。颗粒的长轴一般在 0.2~1μm，呈多晶结构。这种多晶结构由尺寸在

40nm 左右的微晶组成，具有较高的矫顽力。

磁粉的矫顽力是由形状各向异性和磁晶各向异性所决定的，因而提高磁粉的磁晶各向异性是提高矫顽力的重要措施之一。钴铁氧体 $CoFe_2O_4$ 的磁晶各向异性常数 $K_1 = 10^6$ erg/cm^3，比 $\gamma\text{-}Fe_2O_3$ 大一个数量级，因此在 $\gamma\text{-}Fe_2O_3$ 粒子上包裹一层氧化钴，磁粉的矫顽力可达 600Oe。

CrO_2 具有四方金红石晶体结构，其矫顽力受形状各向异性的影响非常大，而磁晶各向异性对矫顽力并无贡献，因而在 CrO_2 磁粉制备过程中更注重颗粒形状的控制，因而可以通过添加 Sb_2O_3、Fe_2O_3 来进一步提高磁粉的矫顽力。同时，与 $\gamma\text{-}Fe_2O_3$ 相比，CrO_2 粉为单晶颗粒，接近完整性良好，无孔洞和枝蔓，表面光滑，使性能比较优良的氧化物磁粉。当然，CrO_2 磁粉的生产成本较高，颗粒硬度大、对磁头磨损较大，居里温度低、热稳定性稍差，也在一定程度上限制了其应用。

根据物质磁性来源的机理，铁磁性金属会比亚铁磁性的铁氧体有更强的磁性能。铁基金属粉末的矫顽力和饱和磁化强度均很高，因此利用金属磁粉有可能获得性能更好的磁存储介质。但由于金属磁粉颗粒很小（20～50nm），容易自燃、难易分散，因而其工业化应用比氧化物磁粉要迟三十年。常用的金属磁粉有 Fe 粉、Fe-Co 合金粉和 Fe-Co-Ni 合金粉等，它们的磁性能是由磁粉的成分和颗粒大小决定的。金属磁粉的颗粒尺寸对矫顽力的影响很大，随着颗粒尺寸的减小，H_c 变大，在直径为 30nm 左右具有最大值。而当颗粒尺寸小于 10nm 时则呈现超顺磁性。

为了提高记录密度，希望记录介质的磁性层应当尽可能薄、同时具有高的矫顽力和剩磁。利用磁粉制作的涂布型磁记录介质具有易于大量生产和价格便宜等优点，但由于磁粉颗粒尺寸一般在 $0.3\sim0.5\mu m$，要使磁记录介质的磁层厚度低于 $0.5\mu m$ 是很困难的，同时由于磁层中含有含量较高的黏合剂等非磁性物质，影响整个磁层的磁性能，因而限制了介质记录密度的提高。而利用连续膜介质，如 CoCrPt、CoNiCr、Co、CrTa 等金属薄膜磁记录介质，金属膜涂层厚度可达 $0.05\mu m$ 左右，其剩磁可高于普通 $\gamma\text{-}Fe_2O_3$ 磁粉介质的 10 倍，在高记录密度仍有很大的信号输出和高分辨率，因而在实现高密度平面磁记录方面有着广阔的应用前景。

根据磁化方向与存储介质的运动方向是平行还是垂直，可把磁记录方式分为平面磁记录和垂直磁记录两种。目前计算机外存中使用的绝大多数硬、软磁盘和磁带都是采用平面磁记录方式。在平面磁记录方式中，为提高记录信号的稳定性，磁记录介质的矫顽力必须大于纵向退磁场，纵向退磁场取决于退磁因子和磁化强度。因此要求平面磁记录介质的矫顽力大、退磁因子小。

垂直磁记录方式的优点是磁记录膜层的矫顽力不用很高，厚度也无需做得很薄，其原因是垂直磁记录时退磁场强度会随厚度的增加而减小。在垂直磁记录方式中，磁化方向垂直于磁记录材料的膜面，因此材料的易磁化轴也必须垂直于膜面。要做到这一点，材料的单轴各向异性常数要大，满足这个要求的材料主要是 Co-Cr 合金。在 Co-Cr 合金中添加 Ta 则能够有效地抑制 Co-Cr 合金的晶粒长大并改善磁滞回线矩形比，同时还能抑制平面磁化的矫顽力。

5.1.4 磁泡存储材料

磁性晶体一般由许多小磁畴组成，在每个磁畴内部，原子中的电子自旋由于交互作用排列成平行状态，因而，磁畴表现为自发磁化。磁畴之间由一定厚度的畴壁彼此相隔。由于各原子磁矩是逐渐由一个方向转到另一个方向的，因此在畴壁上蓄有交换能以及由晶体的磁各向异性加在一起的畴壁能。垂直于晶体的易磁化轴切出薄片，当它的单轴磁各向异性强度大于表面磁化引起的退磁场强度的自发极化时，在退磁状态下出现弯曲的条状磁畴。这时磁畴的磁化方向只能取向上或向下方向。

当外加偏置磁场方向垂直于薄片时，与磁化方向一致的磁畴扩张，磁化方向相反的磁畴逐渐缩小，当磁场强度增至某一临界值时，与磁化方向相反方向上的磁畴便缩成圆柱状。这种圆柱状磁畴在垂直于膜面的方向上看上去就像是泡泡，因此被称作磁泡。如图 5-3 所示，在没有外磁场作用时，正向磁场和反向磁畴的面积相等，并呈交替条纹花样［图 5-3(a)］；加载反向偏置磁场时，正向磁畴面积减小，反向磁畴面积增大［图 5-3(b)］；随着反向偏置磁场的进一步增大，正向磁畴的磁表面能变为极小，即形成小圆柱形的磁泡［图 5-3(c)］。如外加偏置磁场强度继续增大，则磁泡就会进一步缩小以致消失。磁泡受控于外加磁场，在特定的位置上出现或消失，而这两种状态正好和计算机中的二进制的“1”和“0”相对应，因此，可用于计算机的*存储器*。由于磁泡的大小只有数微米，所以单位面积存储的信息量非常大。磁泡存储器因而具有容量大、体积小、功耗低、可靠性高、运算速度快等优点。

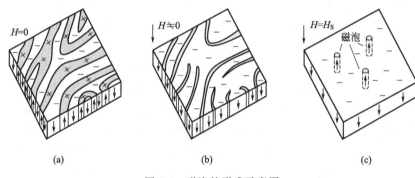

图 5-3　磁泡的形成示意图

对于制作磁泡存储器的磁性薄膜材料来说，应拥有较低的磁泡畴壁矫顽力以减小驱动磁场功率、较高的畴壁迁移率以使磁泡在外磁场的作用下具有较快信息传输速度，同时还要求磁泡薄膜的厚度要薄、稳定性好、品质因素高。石榴石铁氧体是比较实用的磁泡薄膜材料，其次是六角铁氧体。其中石榴石铁氧体是以无磁性的钆镓石榴石（$Gd_3Ga_5O_{12}$）作衬底，以外延法生长可产生磁泡的含稀土的石榴石薄膜，如 $Eu_2ErGe_{0.7}Fe_{4.3}O_{12}$、$EuEr_2Ga_{0.7}Fe_{4.3}O_{12}$ 等单晶膜。这类材料泡径小，迁移率高，是实用的磁泡材料。

5.1.5　巨磁电阻存储材料

一般情况下，磁场可以使许多金属的电阻发生改变，但变化率不大，一般不超过 2%～3%，这种由磁场引起的电阻变化，被称为磁致电阻效应（magnetoresistance，或 MR）。但在一些过渡金属多层膜，如由 Fe、Cr 交替沉积而成的 $(Fe/Cr)_n$ 多层膜中，磁电阻变化率超过 50%，远远超过多层膜中 Fe 层的磁致电阻效应总和，这种现象被称为巨磁电阻效应（giant magnetoresistance，简称 GMR）。多层膜中的巨磁电阻来源于一个特异的基本现象，即导电电子在多层膜中传导时遇到的阻碍与电子自旋的方向有关。电子有自旋现象和自旋磁矩，在通常情况下金属的导电与电子的自旋方向无关。而在铁磁金属中，自旋磁矩与磁化方向相同的导电电子常比自旋相反的电子更容易传导，因而有较低的电阻，这种与自旋相关的导电性质，导致了磁性多层膜的巨磁电阻效应。

能够产生巨磁电阻效应的多层膜系统，必须满足如下条件，即相邻磁层磁矩的相对取向能够在外磁场作用下发生改变、每一单层的厚度要远小于传导电子的平均自由程、自旋取向不同的两种电子在磁性原子上的散射差别必须很大。

巨磁电阻材料具有重大的应用价值，利用 GMR 效应制成的计算机用高密度磁头，可使硬磁盘面记录密度提高数倍。用 GMR 材料制造的磁电阻随机存储器（MRAM）比现有的 RAM 具有更多的优点，如非易失性、抗辐射、长寿命和低成本等，这在计算机、通信、广播、军事等领域都有着很好的应用前景。

5.2　半导体存储器材料

半导体存储器按器件制造工艺可分为双极型存储器和 MOS 型存储器两大类。双极型存储器速度快但功耗大、集成度小，只用于存储速度要求非常快、容量小的场合。MOS 型存储器存储速度较慢，但在功耗、集成度、成本等方面都优于双极型存储器，故市场上绝大多数半导体存储器都是 MOS 型存储器。

若按照功能分类，半导体存储器可分为随机存取存储器（random access memory，简称 RAM）、只读存储器（read only memory，简称 ROM）和顺序存取存储器（sequential access memory，简称 SAM）。其中 RAM 和 ROM 是半导体存储器的主流。

5.2.1　随机存取存储器

随机存储器（RAM）是应用最广泛的存储器，在计算机中常被用来存放各种数据、指令和计算的中间结果。按用结构功能的不同，随机存储器又可分为静态随机存储器和动态随机存储器两大类。

（1）静态随机存储器（Static RAM，SRAM）　静态随机存储器的存储单元由双稳态触发器组成，其特点是在没有外界触发信号作用时，触发器状态稳定。只要不断电，即可长期保存所写入的信息。这种双稳态触发器一般由若干个 MOS 晶体管构成。图 5-4 为一个六管单元的静态存储单元，它包含 6 只 N 沟道 MOS 晶体管（$V_1 \sim V_6$），其中 $V_1 \sim V_4$ 构成一个基本 R-S 触发器，使存储信息的单元。当 V_1 导通时，V_3 截止为"0"态；而 V_1 截止时，V_3 导通为"1"。V_5、V_6 为本单元的行选控制门，V_7、V_8 为一列存储单元公用的控制门。只有当行选择线和列选择线均为高电平时，$V_5 \sim V_8$ 均导通，触发器的输出才与数据线接通，即该单元被选中，该存储单元才能通过数据线传递信息。因此存储单元能够进行读/写操作的条件是：与该单元相连接的行、列选择线均为高电平，此时该触发器的输出才与数据线接通，该存储单元才能与外界传递信息。当行和列选择线有低电平时，该存储单元处于维持状态。

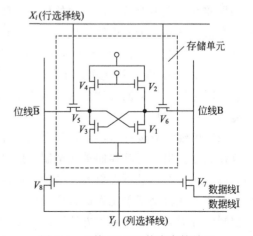

图 5-4　六管 NMOS 静态存储单元

SRAM 曾经在 Pentium 主板上得到大量使用，其速度很快，而且不用刷新就能保存数据不丢失。但它这种以双稳态电路形式存储数据的方式，结构复杂，内部需要使用更多的晶体管构成寄存器以保存数据，所以它采用的硅片面积相当大、制造成本也相当高，目前在计算机主板上已很少应用，而主要用于移动电话、网络服务器、路由器等设备上。

（2）动态随机存储器（dynamic RAM，简称 DRAM）　DRAM 的存储单元是利用 MOS 管的栅极电容对电荷的暂存作用来存储信息的。由于任何 PN 结总有结漏电现象存在，故靠结电容存储的电荷就会泄漏，导致信号丢失。为了保存好信息，就必须采用称为刷新的操作，不断地定期地给栅极电容补充电荷。

常用的 DRAM 的存储器单元有四管、三管和单管单元三种形式。四管存储单元的优点是不需专门的刷新电路，且电路复杂，占用芯片面积大。三管单元的电路较简单，但需要专门的刷新电路。单管单元的电路结构最简单，如图 5-5 所示，但它需要高灵敏度的读出放大器和复杂的外围电路。单管单元由一个小电容 C 和一个门控管 V 构成，仅两个元件，是大容量 DRAM 普遍采用的结构。信息存储在小电容中，通过控制管的导通与截止来读/写信息。

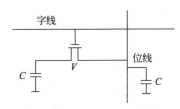

图 5-5　单管 MOS 动态存储单元

DRAM 的结构比 SRAM 简单的多，具有集成度高、功耗低、生产成本低等优点，适合制造大容量存储器，目前作为内存在个人电脑中得到广泛应用。随着计算机及半导体存储技术的不断发展，动态随机存储技术由 486 时代的快速页面模式 DRAM（fast page mode DRAM，简称 FPM DRAM）、Pentium 时代的扩展数据输出 DRAM（extended date output RAM，简称 EDO RAM），发展到目前的同步 DRAM（synchronous DRAM，简称 SDRAM）、双数据速率同步 DRAM（double data rate SDRAM，简称 DDR SDRAM）、rambus DRAM（RDRAM）、同步连接 DRAM（syncLink DRAM，简称 SLDRAM）等，DRAM 内存的容量和速度大幅提高。

5.2.2　只读存储器

只读存储器（ROM）是半导体存储器家族中仅次于 RAM 的另一重要成员。ROM 所存储的信息是预先写入的，在运作时，它可以重复凑出，但没有写操作。ROM 的一个重要优点是即使断电也不会丢失所存储的信息。ROM 的存储器的存储单元非常简单，每个单元仅由一个二极管和一个三极管构成，它用截止和导通表示"0"和"1"两种状态。按照写入的方式，ROM 主要可分为固定 ROM、可编程 ROM 和可改写 ROM 三种类型。

（1）固定 ROM　固定 ROM 是生产厂家根据用户的要求用掩膜技术制备的，所存储的内容是固化了的，不能改动。这种 ROM 适用于存储内容已经确定且用量较大的场合，用户不能另行写入信息。

（2）可编程只读存储器　可编程只读存储器（PROM）是一种允许用户进行一次编程的只读存储器。出厂时其存储单元全制作成"0"或"1"。用户可根据需要写入要存储的内容，但只可写入一次，且不可更改。这种存储器的每个单元中的晶体管都与一根熔断丝（或熔接丝）相连，或者是把单元做成背靠背的二极管对。编程时用户将编程数据输入计算机，计算机控制编程器向存储器施加电流脉冲，根据需要熔断（或熔合）熔丝或击穿反接的二极管，实现对存储器的编程。熔断丝或熔接丝的材料一般为多晶硅或镍铬合金，一般是先制成薄膜，然后用微细加工技术加工成丝而制成的。

（3）可改写只读存储器（EPROM）　可改写只读存储器（EPROM）允许用户多次改写或擦除已存储的信息，主要分为紫外光改写的只读存储器（UVEPROM）[图 5-6(a)]、电可改写只读存储器（E²PROM）[图 5-6(b)]两种。

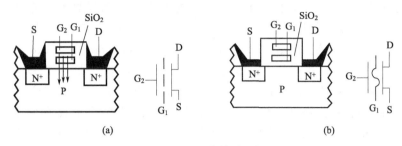

图 5-6　可改写存储单元结构

UVEPROM 的存储单元是一个浮栅雪崩注入 MOS 管，其浮置栅和控制栅被包围在 SiO₂ 栅氧化层中，其中浮置栅离 P 型衬底非常近（约 100nm）。写入时在漏极上加高压脉冲使漏结产生雪崩效应从而产生高能电子，部分能量大的电子会穿过薄 SiO₂ 层注入浮置栅，使浮置栅积累负电荷。由于浮置栅没有放电回路，即使撤去高压脉冲，负电荷仍会长期保留在浮栅上，导致管子的开启电压升高。若控制栅被加上高电平，浮栅上有无电荷就会造成管子的不导通和导通两种状态，相当于存入"0"或"1"。UVEPROM 就是利用这一原理实现编程的。

擦除信息的操作实际上就是释放浮栅上的电荷。由于没有放电回路，电荷无法穿越 SiO₂ 层。为此，UVEPROM 外壳表面设置了一个石英窗口，擦除信息时用强紫外光通过石英窗口照射存储芯片一段时间，使浮栅上的电子获得足够的能量穿越 SiO₂ 层而逃逸。UVEPROM 的缺点是擦除存储芯片上已存储信息的操作只能整片进行。

E²PROM 存储单元的晶体管结构与 UVEPROM 的相似，不同之处在于 E²PROM 的 MOS 管的浮栅和漏极之间的氧化层非常薄，相当于一个供电子穿越的隧道。写入时在控制栅上加上足够高的正电压，漏极接地，电子穿越隧道给浮栅充电；擦除时将控制栅接地，漏极加上适当高的正电压，从浮栅上吸出注入的电子。由于 E²PROM 可按字节用电来擦除或改写，故使用比 UVEPROM 方便。

（4）闪烁只读存储器（flash ROM）　flash ROM 是在 EPROM 基础上发展起来的一种新型电可改写只读存储器。其存储单元由一个双层多晶浮栅 MOS 晶体管构成。该晶体管以 P⁺ 型半导体为衬底，以两个 N⁺ 区分别为源和漏，源与衬底之间为隧道氧化物 N⁻，漏与衬底之间为 P 型半导体。包围于 SiO₂ 层的浮栅有两个，其中靠近衬底的一个浮栅无引出线与外界相连。另一个浮栅靠一根引出线与控制栅相连。该晶体管的特别之处是，作为隧道氧化层的第一层栅介质非常薄，厚度仅 10～20nm(图 5-7)。

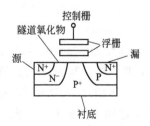

图 5-7　flash ROM 存储器单元结构

flash ROM 利用"热电子"注入实现写入操作，利用隧道效应实现擦除。因为 flash ROM 所有存储单元的源区是连接在一起的，故擦除不能按字节擦除，只能整片擦除或擦除若干区域。但 flash ROM 具有一个非常重要的优点，它的存储速度几乎与 DRAM 相同，而且具有非易失性存储特点。

flash ROM 是近年来增长速率最快的半导体存储器，目前广泛使用的 USB 快闪存储器（俗称优盘）即采用了快闪存储芯片和一个 USB 接口，方便与计算机相连，在移动存储和数码音像等方面得到了非常广泛的应用。它正在逐步取代 EPROM 和 E^2PROM 的位置，甚至成为 DRAM 和 SRAM 的竞争者。

随着数码摄影、掌上电脑、智能手机、MP3 播放器等一系列数码设备的大量使用，基于 flash ROM 的各种数码存储卡应运而生，常见的有 PCMCIA 卡、CF 卡、SM 卡、MMC 卡、SD 卡、Sony 记忆棒等。PCMCIA 卡（personal computer memory card international association）是最早问世的闪存产品，非常适用于笔记本电脑等产品。CF 卡（compactflash）则比 PC 卡更为小巧，容量可达 3GB。SM 卡（smartmedia）是日本东芝公司开发的一种移动存储媒体，主要应用于数码相机、MP3 等设备上。MMC 多媒体存储卡（multimedia memory card）是 SanDisk 与西门子公司合作开发的一种小型快闪存储卡，形状更为小巧，容量从 256MB 到 2GB，最高读取速度 22.5MB/s，写入速度 18MB/s，适合 MP3、数码相机、手机等数码产品日益小型化的趋势。SD 安全数字卡（secure digital）的最高读写速度为 20MB/s，几乎比目前其他存储卡速度都要快，同时该卡提供了加密安全、版权保护及更好的静电防护，目前 8GB 容量的 SD 卡已在市场上销售。Sony 的 memory stick 记忆棒则主要应用于 Sony 公司自己生产的各种数码设备上。

flash ROM 容量、读写速度的不断提升，其在移动存储方面的应用需求大量增加，已经成为近年来非常引人注目的一种信息存储技术。

5.3　光盘存储材料

光盘存储技术是从 20 世纪 70 年代初期开始发展起来的一种新型信息存储技术。1972 年荷兰 Philips 公司率先提出了一种利用激光束读取信息的新型存储媒体——激光反射式视盘（laser disc，简称 LD），这是最早出现的一种光盘类型，其盘径为 300mm，其与以后陆续问世的所有光盘的最大区别是 LD 所录的信息是模拟信号，而后来出现的所有其他光盘所录的信息都是数字信号。由于激光束能被聚焦成直径仅 $0.9\mu m$ 的光斑，故 LD 的信息存储密度比以往的密纹唱片已高出许多（密纹唱片的纹槽密度是 6～12 条/mm，LD 的纹槽密度是 600 条/mm）。

1982 年，随着数据压缩技术水平的提高，荷兰 Philips 公司和日本 Sony 公司联合推出了数字化的新型光盘——数字化精密型唱片（compact disc，CD），从而开创了激光数字光盘的新纪元。此后各种 CD 系列光盘如雨后春笋般地相继问世，形成了一个庞大的 CD 家族。

CD 家族光盘以红外半导体激光器作为光源，聚焦物镜的数值孔径为 0.45，光盘直径一般为 120mm，一般都采用聚碳酸酯为盘基材料，盘基厚度为 1.2mm。CD 家族光盘的单面存储容量为 650MB，按照读、写、擦等功能分类，可分为只读式光盘、一次写入光盘（CD-R）和可擦重写光盘三大类。其中，只读式光盘又可分为音频 CD 光盘（CD-A）、视频 CD 光盘（VCD）、CD-ROM 光盘、桥光盘（bridge disc）和照片光盘（Photo-CD）等。可擦重写光盘则可分为 CD-RW、CD-MO 光盘等。另外，直径为 130mm 的磁光盘（MO）和相变光盘（PC）、直径为 2.5in(63.5mm) 的小型磁光盘（MD），因所用激光光源与普通 CD 光盘的相同，也可归入 CD 家族。

聚焦光斑的尺寸大小与激光的波长 λ 成正比，与聚焦物镜的数值孔径 N. A. 成反比。即激光波长 λ 越短，数值孔径 N. A. 越大，聚焦光斑的尺寸就越小，光盘的存储密度也就越高。因此，在远场光存储的范围，缩短激光波长和增大物镜数值孔径一直是光盘不断向高密度存储发展的主要方法。

随着红光半导体激光器（λ＝650nm）的商品化和数字压缩技术、编码技术的提高，20世纪90年代后期又出现了单面存储容量约为 CD 家族光盘 7 倍的 DVD 家族光盘（图 5-8）。DVD 光盘使用的聚焦物镜的数值孔径已增大到 0.60。其标准直径为 120mm，与 CD 光盘相同，其厚度也是 1.2mm，但 DVD 是用两块厚度为 0.6mm 的盘基黏合而成，可以实现双面或双层信息记录。同时 DVD 光盘表面的光道间距和信息凹坑长度均明显小于 CD 光盘，因此 DVD 的信息记录密度要远大于 CD 光盘（表 5-2）。按照读、写、擦功能的不同，DVD 家族光盘同样可分为只读式 DVD 光盘、一次写入 DVD 光盘（DVD-R）和可擦重写 DVD 光盘。其中只读式 DVD 光盘又可分为音频 DVD 光盘（DVD-Audio）、视频 DVD 光盘（DVD-Video）、DVD-ROM 等。可擦重写 DVD 光盘则可分为 DVD-RAM、DVD-RW 和 DVD＋RW 等。

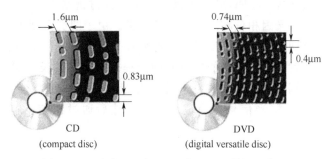

图 5-8　只读式 CD 或 DVD 表面凹坑结构示意图

表 5-2　只读式 CD 和 DVD 光盘技术参数比较

技术参数	CD/VCD	DVD	技术参数	CD/VCD	DVD
聚焦物镜数值孔径	0.45	0.6	光道间距	$1.6\mu m$	$0.74\mu m$
纠错编码冗余度	31%	15.4%	凹坑最小长度	$0.83\mu m$	$0.4\mu m$
通道码调制方式	8/17 调制	8/16 调制	凹坑宽度	$0.6\mu m$	$0.4\mu m$
激光波长	780nm	650/635nm	信息容量	650MB	4.7GB（单面单层）
光斑直径	$1.74\mu m$	$1.08\mu m$			

目前处于实验室研究阶段、尚未商品化的更高存储密度的光盘是以 GaN 蓝光半导体激光器（λ＝400nm）为光源的高密度 DVD 光盘（单面单层容量约为 25GB）。聚焦物镜的数值孔径为 0.82 左右，光盘的光道与信息凹坑结构更为精细。高密度 DVD 光盘也分为只读式、一次写入式和可擦重写式三大类。

5.3.1　只读式光盘材料

只读式光盘（compact disk read only memory，简称 CD-ROM）为只能一次写入多次读出的光盘，其特点为具有较大信息容量，其只能写入一次信息。CD-ROM 光盘的膜层结构相对较简单，一般由聚碳酸酯树脂盘基、铝反射膜构成。其制作过程大体可分为数据准备、母盘制作、金属压模盘制作和光盘制作四个阶段。

在数据准备阶段，首先通过收集、整理、编辑、调制等步骤将欲存储的信息转换成二进制数字信号。

在阳母盘制作阶段，首先在玻璃母盘上均匀涂上一层光敏物质——光刻胶，而后利用脉冲调制码的编码方式将二进制数字信号编制成程序，由计算机控制激光器将经过调制的激光束照射到涂有光敏层的母盘上，光敏层经调制激光照射而感光。接着利用化学方法使光敏层中曝光部分脱落，因而在母盘上即形成记录二进制信息的 $3\sim11T(1T=0.277\mu m)$ 长度不等的凹坑（pit）和平台（land）结构。母盘上的凹陷和凸起部分与最终制成的 CD-ROM 光盘片完全相同，故称为阳母盘。

在第三阶段，首先在阳母盘上淀积上较厚的金属层，然后将金属层与母盘分离，即得到一个金属的阴母盘，称为压模盘。压模盘经过加工可以复制许多压模，用于 CD-ROM 的批量生产。

在最后一阶段，将融化的聚碳酸酯注入模板中，用压模成型的方法将压模上的凹陷和凸起以负像的方式复制到聚碳酸酯盘的表面上。待聚碳酸酯凝固后，在数据面上镀覆金属铝作为反射层，再在反射层上加保护漆，即得到成品 CD-ROM 光盘。

在信息读出时，激光从 CD-ROM 光盘盘基入射、穿过盘基被聚焦到光盘的凹凸结构表面。照射到平台上的反射光因相位相同，干涉后增强。由于凹坑宽度小于光斑直径，照射到凹坑处的激光一部分落到凹坑底部被反射，一部分在平台上反射，而凹坑被设计成 1/4 波长的深度，被凹坑底部反射和平台反射的反射光的光程差为 1/2 波长，满足干涉相消的条件，故强度减弱（图 5-9）。因此在光盘放送过程中，光盘驱动器中的光电二极管就会探测到反射光的这种强弱变化，并将光信号转换成电信号，然后通过纠错、解调等过程实现信息输出。

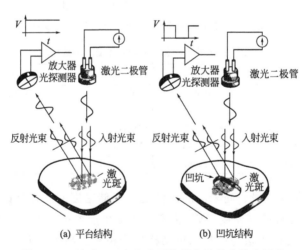

图 5-9　只读式 CD 光盘表面的凹凸结构和读出原理

各种功能的只读式光盘的膜层结构基本相同，只是由于记录的信息不同（音频、视频信号或数据），采用的压缩技术不同，光盘表面的分区结构有所不同。只读式 DVD 光盘的膜层结构比只读式 CD 光盘要复杂一些。DVD 是由两片厚度为 0.6mm 的盘基相对黏合而成的。DVD 的盘基材料也是聚碳酸酯，两块盘基之间的黏合层是紫外固化树脂。只读式 CD 光盘一般采用单面单层的方式记录信息，但只读式 DVD 光盘则根据记录信息的面和层的多少，可分为 DVD-5（单面单层，存储容量 4.7GB）、DVD-9（单面双层，存储容量 8.5GB）、

DVD-10（双面单层，存储容量 9.4GB）、DVD-18（双面双层，存储容量 17GB）。因而不同存储容量的只读式 DVD 光盘的膜层结构各不相同，如表 5-3 和图 5-10 所示。

表 5-3　只读式 DVD 光盘的种类

光盘尺寸	DVD-5	DVD-9	DVD-10	DVD-18
	单面单层	单面双层	双面单层	双面双层
12cm	4.7GB	8.5GB	9.4GB	17GB
8cm	1.4GB	2.6GB	2.8GB	5.2GB

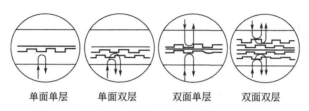

图 5-10　各种只读式 DVD 光盘的膜层结构

DVD-5 只有单面单层记录信息，故两块基板中只有一块刻有凹凸结构，其膜层结构与 CD 光盘类似，即从下往上依次为 0.6mm 厚的聚碳酸酯盘基、铝反射膜、用于黏结两块盘基的紫外固化树脂和另一块 0.6mm 厚的无凹凸结构的聚碳酸酯盘基。

DVD-10 的两面都有单层记录信息，故两块基板上都有凹凸结构，它们的膜层结构与 DVD-5 的刻有凹凸结构的那块相同。

DVD-9 采用的是单面双层记录方式，故两块基板中也只有一块刻有凹凸结构，但刻有凹凸结构的这块基板上的膜层结构是一种多层膜结构。从下往上依次为表面刻有凹凸结构的聚碳酸酯盘基、50nm 厚的金半透膜（第一层反射膜）、40μm 厚的紫外固化透明膜、铝高反射膜（第二层反射膜），然后用紫外固化树脂与另一块无凹凸结构的盘基黏合在一起。把激光先后聚焦到第一和第二层反射膜上，即可先后读取这两层的信息。

DVD-18 采用的是双面双层记录方式，故两块基板上都刻有凹凸结构，它们的膜层结构都与上述 DVD-9 的刻有凹凸结构的那块基板的相同，将这两块多层结构基板在铝高反射膜一侧用紫外固化树脂黏结在一起即成。

5.3.2　一次写入光盘材料

一次写入多次读出（write once read many，简称 WORM；或 direct read after write，简称 DRAW）光盘是最早在光盘存储系统上获得应用的数字光盘。由于其采用 CD 制式，因此又称为一次写入 CD（write once CD，CD-WO）或可记录 CD（recordable CD，简称 CD-R）。一次写入光盘是利用聚焦激光在介质的记录微区产生不可逆的物理、化学变化而写入信息。根据记录方式的不同光盘记录介质可分为以下几种类型。

（1）烧蚀型［图 5-11(a)］　对碲基合金等光盘介质，利用激光的热效应，使光照微区熔化、冷凝并形成信息凹坑。

（2）起泡型［图 5-11(b)］　由高熔点金属与聚合物两层薄膜制成，光照使聚合物分解排出气体，两层间形成气泡使膜面隆起，与周围形成反射率的差异，以实现反差记录。

（3）熔绒型［图 5-11(c)］　用离子束刻蚀硅表面，使之形成绒面结构，光照微区使绒面熔成镜面，实现反差记录。

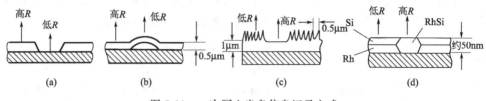

图 5-11　一次写入光盘信息记录方式

（4）合金化型［图 5-11(d)］　用 Pt-Si、Rh-Si 等制成双层结构，光照微区使双层结构熔成合金，形成反差记录。

（5）相变型　多用 $As_2Se_3 \cdot Sb_2Se_3$ 等硫系二元化合物制成，光照微区使之发生相变，如非晶相Ⅰ→非晶相Ⅱ、或晶相Ⅰ→晶相Ⅱ、或非晶相→晶相之间的相变，利用两相反射率的差异鉴别信息。

WORM 光盘存储系统主要用于数据经常需要检查跟踪的场合，一张 130mm(5.25in) 的 WORM 光盘可以存储 500～1000MB 的信息。300mm(12in) 光盘的容量可达 4GB 以上。WORM 光盘的膜层结构一般分为衬底层、记录层、反射层和保护层。记录方式通常为记录层薄膜吸收写入激光能量后由于热效应产生烧蚀，形成凹坑或气泡以实现信息记录，同时利用凹坑或气泡与周围介质的反射率差别来实现信息的读出。对于记录层材料来说，要求其对记录光波长的吸收系数要大、热烧蚀的温度要低，凹坑或气泡规整、均匀，与周围介质的反射率差值要大、且长期稳定。

为了降低 WORM 光盘记录层的热烧蚀温度，通常采用一些低熔点金属和它们的合金材料作为记录层材料，如 Te、Bi、In、Sb 等。同时如这些金属材料的光吸收能力较强时，所需的激光写入能量较低（表 5-4）。Te 和 Bi 的熔化温度很低，因此最初利用 Bi 膜和 Te 膜作为记录层。但 Bi 容易挥发，形成的凹坑边缘不够清晰，而 Te 膜则容易氧化。因此为提高光盘记录层的化学稳定性，通常采用 Te 的合金膜作为记录层材料，如 As-Te、AsTe-Se、Te-Bi、Te/Te-Se 等。

表 5-4　部分金属记录层材料的物理性质和激光写入能量

材　　料	熔点/℃	熔化能量/nJ	写入能量/nJ
Te	450	0.0114	0.75
Bi	271	0.0077	1.5
Ge	937	0.0420	1.6

目前发展很快的是可记录 CD(CD-R) 和照相 CD(photo-CD)，其记录的数据格式与 CD-ROM 兼容，因而可以在 CD-ROM 驱动器上读取数据。与 WORM 光盘不同的是，CD-R 光盘的记录材料是采用有机材料，如菁染料、酞菁染料和偶氮化合物等。为了符合 CD-ROM 制式，在读出数据时光盘的反射率要大于 70%。因此，CD-R 光盘的反射层用金膜而非铝膜。金为惰性材料，对有机薄膜还能起到保护作用。

在 CD-R 光盘的记录薄膜层中，记录点是靠有机染料吸收写入激光能量，因热过程使染料分解，由此引起染料的漂白和鼓泡、在 PC 塑料中的暴沸和变形等。CD-R 光盘的寿命由有机染料薄膜和记录点结构的稳定性所决定。

用于 CD-R 的有机一次记录材料有花菁染料、酞菁和偶氮染料。工业生产上所用的大部分为花菁染料，制成的 CD-R 光盘呈绿色，俗称"绿盘"；也有一部分用酞菁染料，光盘呈淡绿的金色，俗称"金盘"；用偶氮染料制成的 CD-R 光盘则呈蓝褐色。

5.3.3 可擦重写光盘存储材料

可擦重写光盘存储技术（erasable-DRAW，简称 EDAW）是近二十年来发展起来的新型光信息存储技术，它使光盘存储技术克服了以往不可擦除的弱点，从而能与磁记录存储技术相竞争。按照光盘读、写、擦原理的不同，可擦重写光盘存储材料主要分为磁光材料和相变材料两种。

磁光型可擦重写光盘的读、写和擦过程如图 5-12 所示。在信息写入前，用强磁场对介质进行初始磁化，使介质的磁畴具有相同的方向。磁光介质的必要条件是具有磁各向异性而产生垂直磁记录磁畴。在激光聚焦区域磁光介质吸收激光能量后，当温度升至居里温度（T_c）或补偿温度（T_{comp}）时，净磁化强度为零（退磁），此时通过磁光头中的线圈施加与磁光盘初始磁场方向相反的反偏磁场，在写入激光束很快离开聚焦点后产生磁化方向与周围相反的记录微区磁畴，即实现信息写入过程。信息读出是利用磁光克尔效应。当线偏振光束入射到磁性介质时，反射光束的偏振面会产生旋转，这个旋转角称克尔角；光驱在读取信息时通过磁光头产生线偏振光扫描磁光盘信道，然后通过检偏器检测光盘各单元的磁化方向而读出二进制信息。信息擦除过程与写入过程相同，即利用写入激光束扫描光盘信道，同时施加与磁光盘初始磁场方向相同的片磁场，使各记录单元的磁化方向复原。因此，一般的磁光盘需要两次操作，第一次是擦除原有轨迹上的信息，第二次是写入新信息。

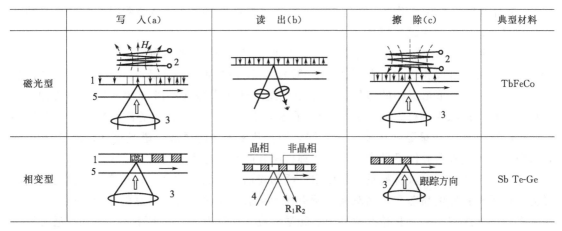

	写 入(a)	读 出(b)	擦 除(c)	典型材料
磁光型				TbFeCo
相变型				Sb Te-Ge

图 5-12 磁光型和相变型可擦重写光盘的工作原理

1—记录介质膜；2—磁场线圈；3—激光束；4—弱激光束；5—基板

经过多年的研究开发，用于磁光盘（magneto-optical disk，简称 MOD）的磁光存储材料已有很大发展，大致可分为稀土—过渡金属（RE-TM）非晶态合金薄膜、石榴石氧化物薄膜、Pt-Co 合金薄膜和 Pt-Co 成分调制膜、Mn 基磁光薄膜材料等。

RE-TM 非晶态合金薄膜是最早用于磁光盘的磁光存储材料。采用非晶态合金作为磁光存储材料的主要原因是其成分可以连续变化，因而薄膜的饱和磁化强度 M_s、补偿温度 T_{comp} 和矫顽力 H_c 等磁性能在较大范围内都连续可调。Nd、Ce 等轻稀土元素和过渡金属 Fe、Co 构成的铁磁性非晶态合金材料的磁光效应随波长变小而增大，因而适用于短波长、高密度磁光存储。Tb、Dy 等重稀土元素和过渡金属 Fe、Co 构成的亚铁磁性非晶态合金材料的 M_s

小，有利于磁化矢量垂直于膜面并防止退磁。由于 Fe、Co 等过渡金属元素在长波长时磁光效应大，在短波长时其克尔旋转角与重金属稀土元素的符号相反，两者抵消使克尔角变小，故这种亚铁磁非晶态合金材料适用于长波长磁光存储记录。Tb-Fe-Co 非晶态合金薄膜是使用最为普遍的长波长磁光盘存储材料，若适当添加轻稀土元素如 Nd、Ce 等，也可用于短波长高密度磁光盘。由于稀土元素的抗氧化性能差，RE-TM 非晶态合金薄膜的最大缺点是稳定性较差，不利于信息资料的长期保存。

石榴石氧化物薄膜在短波长时有很大的磁光效应，因此在 20 世纪 80 年代初期成为磁光盘存储材料的研究热门。这类薄膜由高溅射方法制备，薄膜需在 600℃进行热处理，故其衬底一般采用玻璃材料。石榴石氧化物薄膜在所用的激光工作波长对激光的吸收和反射都小，故一般都添加一层金属反射膜，以增大吸收、降低激光功率，并使入射激光反射。除了磁光效应大的优点以外，以石榴石氧化物薄膜作为磁光存储薄膜、以玻璃作为衬底材料制作的磁光盘还具有异常出色的抗氧化性和抗辐照性，适于航空、航天和军事用途等，但这种光盘的制作成本较高。

Pt-Co 成分调制膜是将贵金属 Pt 和过渡金属 Co 按一定厚度作周期性交替生长的多层薄膜（Pt 的厚度一般在 1～3nm 之间，Co 的厚度一般在 0.2～0.8nm 之间）。其主要优点是在蓝光波长（400nm）时的克尔角大、反射率高，故其磁光品质因子在短波长范围内优于 RE-TM 薄膜，是可擦重写式蓝光高密度磁光盘的理想存储材料。Pt-Co 合金薄膜则可用电子束二源蒸发、双靶共溅、分子束外延、复合靶溅射或合金靶溅射等方法制备，其中合金靶溅射是适合规模化生产的制备方法。用复合靶或合金靶溅射获得的 Co-Pt 合金薄膜的磁光性能与 Pt-Co 成分调制膜的基本相同。制备 Pt-Co 成分调制膜和 Pt-Co 合金薄膜时，衬底也必须使用玻璃衬底，因此制作成本较高。

Mn 基磁光薄膜材料主要分为 Mn-Bi 材料和 Pt-Mn-Sb 材料两种。Mn-Bi 材料有低温相和高温相两种。低温相的居里温度高（360℃），高温相的居里温度低（180℃）。高温相的稳定性较差，因而降低低温相的居里温度和晶粒尺寸被认为是 Mn-Bi 薄膜实用化的关键，这方面的研究尚需深入进行。Pt-Mn-Sb 合金在长波长（740nm）有大的磁光效应，克尔角为 0.9°～1.25°不等，居里温度在 280～310℃之间，其磁光性能很适合磁光存储，但 Pt-Mn-Sb 合金薄膜的垂直各向异性不易实现，其物理机制和制膜工艺也有待进一步研究。

相变型可擦重写光盘材料是目前使用广泛的光信息存储介质之一。相变光存储材料利用激光作用下材料发生晶态和非晶态相变所引起的反射率变化来进行信息的记录和擦除。由于硫系半导体薄膜在晶态、非晶态两种中的光学参数（如反射率、折射率等）不同，通常被用于相变光盘的制作。因不需要磁场元件，故而用于相变材料写、读、擦操作的光学头结构简单、易于集成化，可广泛应用于小型计算机中。常见的相变光盘包括 PCD(phase change disk，相变光盘)、CD-RW(CD-rewritable，可读写光盘)、DVD-RAM(DVD-random access memory，DVD 随机存储器)、Pioneer 公司推出的 DVD-RW（DVD rerecordable）以及 Philps 与 Sony 等公司推出的 DVD+RW(DVD rewritable) 等。

一般相变光盘在实施写、擦之前，先要进行初始化。所谓初始化就是用激光对相变光盘均匀照射使硫系半导体记录膜全体处于均一的晶态中。经过初始化的相变光盘即可进行写入和擦除操作，此时若用高功率密度、窄脉宽的激光照射相变介质，介质吸热后迅速升至熔点并在骤冷条件下形成非晶态，而记录介质的其他部分（非光照区）则仍为晶态，这样就完成信息写入过程。由于晶态和非晶态材料的折射率和反射率不同，因此记录点的反射率与周围区域有明显反差，因而利用小功率激光束来读出信息。在信息擦除过程中，可利用较长脉宽和较低功率的激光束再作用于记录点，使该点温度上升到低于材料的熔点而高于非晶态的转变温度，使产生重结晶而恢复成多晶状态，从而完成信息的擦除（图 5-12）。

具有可逆光存储性能的相变材料主要由元素周期表中Ⅲ-Ⅳ族中的一些半导体元素构成，包括 Te 基、Se 基、InSb 基合金三大类。

Te 基合金具有合适的光学、热学和晶化性质，长期以来被认为是最有发展前景的可逆相变光存储材料之一。纯 Te 元素在 10℃ 就会快速晶化，因而需引入一定量的 Ge、Sn、Sb、As、Se、S、O 等元素以稳定材料在室温的稳定性。用于可逆光存储的 Te 基合金应具有两种相互矛盾的性能，即晶态在室温下的长期稳定性（＞10 年）和在一定的外界条件（如受一定功率密度和脉宽的激光照射）下的高速晶化（一般在 100ns 以内）。人们主要是通过在 Te 基合金中掺入一定量的杂质来追求这一目标的。迄今已研究的 Te 基合金包括主要有 Te-Se-Ga、Te-Se-Sb、Te-Se-In、Te-Se-Sn、Te-Se-Cu、Te-Ge-As、Te-Ge-Sn 和 Ge-Sb-Te 等，其中最著名的是 1987 年研制的 Ge-Sb-Te 系统三元合金相变材料，该系统最突出的优点是写、擦速度都非常快，最短写擦脉宽都只有 30～50ns，这就为赋予相变光盘高速直接重写功能并提高相变光盘的数据传输速率创造了条件。

在 Se 基合金相变材料中，研究得较多的是 Sb_2Se_3 二元合金、Sb-Se-Bi 三元合金和 In-Se-Tl-Co 四元合金。其中 In-Se-Tl-Co 四元合金的光存储性能最好，其最短擦除时间为 60ns，写擦循环次数高达 106 次，在 150℃ 的寿命估计在 10 年以上。但这种材料中含有剧毒元素 Tl 且写入功率过高，最终未投入实际使用。

InSb 基三元、四元合金也较引人注目，特别是 In-Sb-Te-Ag 四元合金，由于其晶态的反射率较高（约 60％），写入功率也较低，已成为 CD-RW 和 DVD-RAM 光盘的首选记录材料之一。经过二十多年的研究开发，相变光存储材料已主要集中在 Ge-Sb-Te 和 In-Sb-Te-Ag 两个系统中。

近年来，国内外围绕着降低相变光盘的信息擦除时间（即提高晶化速度）、提高晶态和非晶态反衬度以及非晶态和多次擦除中材料稳定性等方面开展了大量工作。当信息擦除激光脉宽和写入激光脉宽相当时（约 100ns），相变光盘可进行直接重写，从而大大缩短数据的存储时间。Ge-Sb-Te 系统中三个化学计量比合金 $GeSb_4Te_7$、$GeSb_2Te_4$、和 $Ge_2Sb_2Te_5$ 的晶化速度都非常快，最短擦除脉宽分别为 30ns、40ns 和 50ns，完全符合直接重写的需求。日本松下于 1990 年推出的 LF-7010 可直接重写相变光盘被认为是可擦重写光盘系统的一个重大突破。详细信息见表 5-5 中。

表 5-5　部分公司推出的相变光盘介质

公　司	种　类	介　质
IBM	可擦重写	Sb_2Se,TeGeAs+...
ECD	可擦重写	TeGeSn+...,TeSe+...
NTT	可擦重写	Sb_2Se_3
松下	可擦重写	$Ge_2Sb_2Te_5$,$Ge_2Sb_2Te_4$,$Ge_2Sb_4Te_7$
	直接重写	$GeTe$-Sb_2Te_3-Sb
日立	可擦重写	InSeTl,TeSeSn
	直接重写	InSeTl,GeTe-Sb_2Te_3Co
飞利浦	可擦重写	InSbTe,InSbSe-InSb

5.4 新型信息存储材料

随着信息存储技术的不断发展，各种新型的信息存储技术，如直接重写光存储材料、有机光色存储材料、铁电存储材料、电子俘获光存储材料、光子选通光谱烧孔存储材料、近场扫描光学显微存储材料、全息存储材料等纷纷涌现，使信息存储技术不断朝高速、大容量等方向发展。

有机光色存储材料利用一些有机化合物的光化学反应，如闭环开环反应（螺吡喃类）、反式顺式反应（偶氮苯类）、光异构化反应（N-水杨醛缩苯胺）、光诱质子转移反应（钌络合物）等来产生光致变色效应，从而用作可擦重写光色材料。不过目前这类材料的对光、热稳定性较差，有待进一步改进。

铁电存储材料为用于铁电随机存储器（ferroelectric RAM，简称 FRAM）和高容量动态随机存取存储器（dynamic random access memory，简称 DRAM）的一些铁电薄膜材料。FRAM 是利用铁电存储材料固有的双稳态极化特性——电滞回线制备的永久性存取存储器件。电滞回线是指铁电体在电场作用下极化强度随电场变化关系的滞后回线，与铁磁体在磁场作用下的磁滞回线形状相似。这类存储器具有永久存储的能力，即使断电时也能保持存储的信息。此外还具有读写速度快、开关性能好、抗辐射能力强等优点，可用于计算机的高速、高密度永久性存储。DRAM 是半导体技术中的一个重要器件，半导体技术的高密度化要求进一步提高 DRAM 的密度，由于铁电薄膜的介电常数大大高于目前 DRAM 采用的氧化硅/氧化氮/氧化硅（ONO）材料，故采用铁电薄膜可使 DRAM 的密度大幅度地提高。如采用（Ba,Sr）TiO$_3$（BST）铁电薄膜取代 ONO 材料，可使 DRAM 的密度提高大约 50 倍。

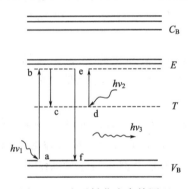

图 5-13　电子俘获光存储原理

电子俘获光存储材料基于超快的电子迁移过程，而存储介质本身则不发生变化。它是利用 A、B 两类稀土元素掺入碱土硫化物晶体中形成电子俘获的光记录介质。选用碱土硫化物是因为其具有较宽的能带隙（4～5eV），掺入两类稀土元素是让它们在碱土硫化物带隙中形成局域的杂质能带。图 5-13 示意了利用电子俘获光存储的信息写入、读出和擦除的原理。图中 C_B、V_B 为基质材料的导带和价带能级，E、T 为两类稀土元素掺杂后的杂质能级。其中 E 为短寿命的激发态能级；T 为长寿命的陷阱能级，或称电子俘获能级，它与 V_B 之间是禁戒的。用 $h\nu_1$ 短脉冲激光（0.4～0.5μm）将价带电子激发到激发态能级 E，经过快速无辐射落入陷阱能级 T，即完成信息写入过程（a→b→c）。而用长波长（约 1μm）激光 $h\nu_2$ 将处于陷阱能级 T 的电子激发到激发态 E，并通过辐射跃迁 $h\nu_3$ 返回至基态 V_B，此时所发射的光即可作为信号读出（d→e→f）。陷阱能级 T 俘获电子数与写入光能成正比，初步实验证明，当能量密度为 10mJ/cm^2 时已达到饱和。由于每一次"读"操作都会使陷阱能级 T 中被俘获电子数减少，这样经多次读出、或利用较大功率信息擦除近红外激光（约 0.8μm）照射即可使陷阱能级中被俘获电子耗尽，实现信息的擦除。这类电子跃迁过程不存在物质状态和结构的变化，因而写/擦循环可以是无限的。由于属电子跃迁过程，其擦写速度很高（<5ns）。

光子烧孔现象（photon hole burning，简称 PHB）在激光光谱中早已发现。固体光谱中的不均匀变宽是由于固体中分子或离子所处的格位（四周的环境）不同，它的光谱线峰值位置也略有不同。如图 5-14 所示，固体光谱的不均匀线宽 ΔW_i 是由很多不同格位的离子和分子的均匀线宽 ΔW_h 组成的 [图 5-14(a)]。如果用一线宽很窄的激光进行选择激发，就能造成在均匀变宽的光谱峰中"烧孔" [图 5-14(b)]。用窄线调谐激光束进行载信息波的二进位调制并在不均匀变宽的光谱峰中扫描，就能形成光谱烧孔的编码 [图 5-14(c)]。这样，除了原来的二维空间光存储外，还增加了频畴光存储。一般固体材料的 ΔW_i 约为 GHz 级，而低温（液氦温度）下 ΔW_h 约为 MHz 级，$\Delta W_i/\Delta W_h$ 比值约为千倍，因而光子选通光谱烧孔存储可比一般空间光存储增加千倍的信息存储容量。

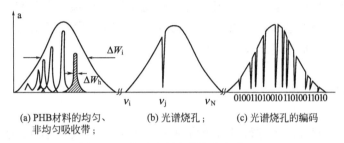

图 5-14　光子选通光谱烧孔存储原理

近场扫描光学显微存储技术（near field scanning optical microscopy，简称 NSOM）是在扫描隧道显微镜（scanning tunneling microscope，简称 STM）技术的影响下发展起来的。在 NSOM 存储技术中，来自激光器光源的激光被耦合进中心孔径为 20～30nm 的光导纤维中，光纤的另一端被加工成针尖，其外表面镀有铝反射膜。将该针尖置放在与光存储介质表面垂直距离仅 10～20nm 的位置，通过对光存储介质表面的水平方向的二维扫描，即可用脉冲激光实现近场扫描光学显微存储。用 NSOM 存储技术可在记录介质表面获得直径为几十纳米的记录光斑，相应的面存储密度高达 100GB/in²。

全息存储材料是利用光的干涉，在记录材料上以全息图的形式记录信息，并在特定条件下以衍射形式恢复所存储的信息的一种超高密度存储技术。全息即物体的全部信息，包括物光波的强度分布和位相分布。通过改变激光光束的入射角或利用不同波长的激光，在同一体积中记录不同的全息图，可实现超高密度信息存储。

第 6 章　信息传输材料

信息传输材料是指用于各种通信器件的一些能够用来传递信息的材料，如通信电缆材料、光纤通信材料、微波通信材料和 GSM 蜂窝移动通信材料等，利用这些材料构建的综合通信网络，已成为国家信息基础设施的支柱。

6.1　通信电缆材料

通信电缆是收发双方之间进行通信的物理信号通路，一百余年前人类即开始利用其来构建电话通信线路。目前应用于电话、有线电视和局域网等通信网络的通信电缆包括双绞线和同轴电缆。

6.1.1　双绞线材料

双绞线由两根互相绝缘的铜线以均匀对称的方式扭绞在一起作为一条通信链路［图6-1(a)］，以减少附近导线的电气干扰。双绞线中导线的典型直径是 0.4～1mm；将多对双绞线捆在一起，封在一个坚实的护套内，即构成一条电缆。双绞线分为无屏蔽双绞线和屏蔽双绞线两类。普通电话线采用的是无屏蔽双绞线，易受外部的电磁干扰。屏蔽双绞线用金属外套将双绞线包上屏蔽起来，以减少干扰。

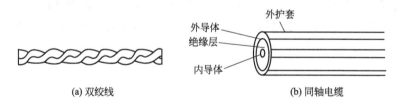

(a) 双绞线　　　　　　　　　　(b) 同轴电缆

图 6-1　通信电缆

双绞线是最常见的和最经济的模拟信号与数字信号的传输介质。它是电话网络中最常用的传输介质，也是建筑物内通信线路的主要布线品种。对于与建筑物内的数字数据交换机或数字小型电话交换机的连接，双绞线通常的数据传输速率是 64KB/s。在用于局域网的建筑物内部连接时，其数据传输速率约为 10MB/s；近来已经出现了数据传输速率达到 100MB/s的双绞线网络。在远程应用中，双绞线可以用于数据传输速率是 4MB/s 或者速率更高的场合。

双绞线的传输距离一般为几千米到几十千米，其带宽取决于铜线的粗细和传输距离。在采用双绞线布线的电话线路中，大约每 5～6km 就需要进行中继放大；传输数字信号时，传输距离为 2～3km，存在明显的局限性。

6.1.2 同轴电缆材料

同轴电缆以硬铜线为芯，外面包有一层绝缘材料，该层绝缘材料用密织的网状导体环绕，网层外面再覆盖一层保护材料 [图 6-1(b)]。同轴电缆的这种结构使其具有高带宽和极好的噪声抑制特性。一根同轴电缆的直径大约是 10～25mm，几根同轴电缆往往固定在一根大电缆内。由于同轴电缆是同轴和屏蔽的，因此受到的干扰和串音影响程度比双绞线要小得多，可以工作在更宽的频率范围上，以更高的数据传输速率传送得更远，并且可在共享线路上支持更多的站点。

目前广泛使用的有两种同轴电缆：一种是用于数字信号传输的 50Ω 电缆，即基带同轴电缆，它可以 10MB/s 的速率将基带数字信号传送 1～1.2km 远。另一种是用于模拟信号传输的 75Ω 电缆，即宽带同轴电缆；它是共用天线电视系统 CATV 中的标准传输电缆，其频率可高达 300～450MHz，传输距离可达 100km。同轴电缆与双绞线相比价格较贵，但由于其具有带宽宽、数据传输速率高、传输距离远、抗干扰能力强等优点，虽然面临光纤、微波和卫星等传播信道的竞争，同轴电缆仍然属于最多样化和应用最广泛的信息传输介质之一。主要应用领域包括电视转播、长途电话传输、近距离的计算机系统连接和局域网络构建等。

6.2 光纤通信材料

光纤的应用是人类进入现代信息社会的一个重要标志，光纤通信的发展有力地推动了全球信息高速公路的建立。自 1966 年华裔科学家高锟等提出利用光纤进行信息传输的可能性和技术途径以来，光纤通信技术取得了飞速的发展和惊人的成功。光纤作为信息传输介质具有许多优点，如传输损耗低、信息容量大、抗电磁干扰能力好、光纤之间相互干扰小，尺寸小、质量轻，有利于敷设和运输等。其通信质量远优于传统的通信电缆（表 6-1），因而通信光纤迅速成为了全球信息高速公路的主干网络。

表 6-1　信息传输介质性能比较

项　　目	双绞线（电话）	同轴电缆（宽带）	单模光纤
材料	Cu	Cu/绝缘材料	SiO_2/GeO_2
线径	2mm	10mm	0.2mm
传输损耗	20dB/km(4MHz)	20dB/km(60MHz)	20dB/100km(10000MHz)
带宽	6MHz	500MHz	10GHz～1THz
中继间隔	1～2km	1～2km	约 50km

6.2.1 光纤工作原理

光纤是光导纤维的简称，是一种新型的导光波导。

光纤的结构一般为双层或三层同心圆柱体，如图 6-2 所示。中心部分为纤芯，纤芯以外的部分为包层。光纤外径一般为 125～400μm，芯径一般为 2～200μm。纤芯的作用是传导光波，包层的作用是将光波封闭在光纤中传播。光波要在光纤中传播，就要求光纤纤芯的折射率大于包层的折射率。为实现包层和纤芯折射率差，必须

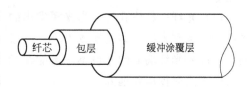

图 6-2　单根光纤结构示意图

使包层和纤芯的材料有所不同。实际的光纤在包层外面还有一层缓冲涂覆层，其作用是保护光纤免受环境污染和机械损伤。

图 6-3 显示了光在一根折射率突变型光纤中传输方式。图中纤芯的折射率（n_1）及包层的折射率（n_2）都是均匀的，但纤芯和包层的界面上存在一个折射率突变。

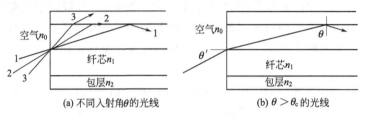

(a) 不同入射角θ的光线　　　　　　(b) θ＞θ_c 的光线

图 6-3　光纤传输原理

将射入光纤的光波看成一束光射线，当它在纤芯里传播时，一般会存在两种情况：一种是光线在过光纤轴心的平面内传播，这种光线称为子午光线；另一种是不交轴光线（或称斜射线），即它在纤芯中传播不通过光纤轴心，如从光纤端面来观察，其光线行进的轨迹形似一组多边形的折线。不交轴光线的分析较为复杂，本节仅以子午光线的传播来分析讨论。

从图 6-3(a) 中可以看出，当光线射入纤芯与包层界面时，有可能产生光的折射，也可能发生光的反射，它们都服从光的反射和折射定律。反射光将回到纤芯中，并以同样入射角射向纤芯另一边的纤芯-包层界面，然后重复反射，如此继续，使光向前传播。而折射光将在靠近纤芯-包层界面的包层中传播，由于包层的光损耗比纤芯大，进入包层的光将很快衰减掉，这部分光就不会持久地传播下去。

由以上分析可看出，折射光线的存在是引起光泄漏并使光不能在纤芯里远距离传播的最根本原因。根据光的折射定律 $n_1 \sin\theta = n_2 \sin\theta'$，当 $n_1 > n_2$ 时，光的折射角 θ' 总是大于入射角 θ。如果逐渐增大光线对纤芯-包层界面的入射角 θ，当 θ 到达一定角度 θ_c 时，折射角将为 $\theta = \pi/2$，此时折射线将不再进入包层，而是沿纤芯-包层界面向前传播，该入射角 θ_c 称为全反射临界角。如从 θ_c 继续增大，光线的入射角就会出现如图 6-3(b) 所示的情况，光将全部反射回纤芯中。由反射定律可知，反射回纤芯中的光线，向另一侧纤芯-包层界面入射时，入射角保持不变，这种光线就可以在纤芯中来回反射向前传播。

因此，为保证光线在光纤中远距离传播，必须为光在光纤中的传播创造全反射条件，即要求保证纤芯的折射率 n_1 大于包层的折射率 n_2、且进入光纤的光线向纤芯-包层界面入射时其入射角需大于临界角 θ_c。

6.2.2　光纤的性能

光纤的性能主要是指它的数值孔径、传播模式、传输损耗、带宽、机械特性、温度特性及几何特性（芯径、外径、偏心度、椭圆度）等，它们主要决定于光纤材料、结构以及制造工艺等。

（1）光纤的数值孔径　当光源发出的光射入光纤时，入射到光纤端面的光线能否都进入光纤，关系到光纤的集光本领大小。一般入射在光纤端面的光，其中一部分是不能进入光纤的，而进入光纤端面的光也不一定能在光纤中传播，只有那些满足特定条件的光才能在光纤中发生全反射传播到远方。

要使光线能在光纤中实现全反射，必须保证光的折射角 $\theta > \theta_c$，则对于光线入射到光纤

端面的入射角 θ' 来说，必须要求 $\theta' < \theta_{max}$（θ_{max} 为能够在光纤中传播光线的最大入射角，$\theta_{max} = 90° - \theta_c$）。因而引入光纤数值孔径（N. A. $= \sin\theta_{max}$）概念来表示光纤接收光的能力。数值孔径越大，即 θ_{max} 越大，光纤接收光的能力越强。对应于 θ_{max} 的所有入射到光纤端顶的光线构成一个锥角为 $2\theta_{max}$ 的圆锥。从光源发出的光，只有入射在圆锥内的部分才能在光纤中全反射向前传播。

从集光本领来看，光纤的数值孔径越大越好，但是并非所有光纤都需要大的数值孔径，如对于通信用光纤，过大的数值孔径同时将带来其他性能的变差。因此光通信系统对光纤的数值孔径值有一定要求，国际电报电话咨询委员会（consultative committee of international telegraph and telephone，简称 CCITT）建议通信光纤的数值孔径为 0.18～0.24，而专用于传输光能的光纤则往往需要有较大的数值孔径。

（2）光纤的传播模式　光纤的传播模式是光纤的一个重要性能，如图 6-4 所示，只要在光纤的数值孔径内，从某一角度入射进入光纤传播的光就称为一个光纤模式。光纤的芯径越大或光纤的数值孔径越大，在其数值孔径内可允许多个具有不同入射角的光线进入光纤传播，此时光纤中有多个传播模式，这种光纤被称为多模光纤。当光纤芯径很小或数值孔径很小时，光纤只允许与光纤轴一致的光线进入光纤传播，即只允许一个光纤模式传播，这种光纤称为单模光纤，其传播模式叫基模。

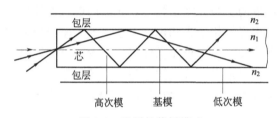

图 6-4　光纤的传播模式

光纤中传播的模式实际上就是光纤中存在的电磁波场场形，或者说是光场场形。各种场形都是光波传导中经过多次的反射和干涉的结果。各种模式是不连续的、离散的。由于驻波才能在光纤中稳定的存在，它的存在反映在光纤横截面上就是各种形状的光场，即各种光斑。因此多模光纤中允许传输的光模式是有限的，它与传输光波长、光纤纤芯半径以及光纤折射率分布情况有关。

（3）光纤的传输损耗　光波在光纤中传输，随着传输距离的增加，传输光强度逐渐减弱。光纤的这种对传输光波的衰减作用，称为光纤的损耗。引起损耗的原因主要由光纤材料和结构所致，可简单概括为吸收损耗、散射损耗和辐射损耗，如图 6-5 所示。前两种损耗又

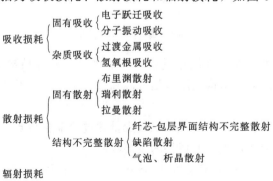

图 6-5　光纤的损耗类型

可归结为固有损耗和非固有损耗。固有损耗由光纤材料本身特性决定，在不同的工作波长下引起损耗的因素不同。在短波长区主要是紫外吸收边缘的影响和瑞利散射，在长波长区则红外吸收占有主导作用。

紫外吸收是光纤材料的核外电子能级跃迁所产生的。石英玻璃中电子跃迁产生的吸收峰在紫外区的 $0.122\mu m$ 附近。

石英光纤的红外吸收损耗是由于在红外区材料的分子振动而产生的吸收。石英分子是四面体结构，有伸缩振动和曲线式振动两种基本振动，振动的基波波长分别为 $9.1\mu m$、$12.5\mu m$、$21\mu m$ 和 $36.4\mu m$，其基波、谐波和耦合波波长分布 $36.4\sim3.0\mu m$ 的波长范围内。

在形成玻璃的过程中，因为冷却条件不均匀而使玻璃出现分子级大小的密度不均匀，则会造成玻璃材料的折射率不均匀，而由比光波长还要小的不均匀微粒所引起的散射现象称为瑞利散射。瑞利散射的损耗系数与光波长的四次方成反比，随着光波长的增加，瑞利散射损耗将迅速降低，因此长波长段光纤的损耗较小。对于掺杂石英光纤，掺杂后需要考虑掺杂浓度的均匀性，因为材料组分的不均匀同样可产生瑞利散射。同时掺杂浓度的增加也会使瑞利散射增大。

除瑞利散射外，布里渊散射和拉曼散射也会对光波在光纤中的传输产生影响。所谓布里渊散射是指光在光纤中传输时，光波电磁场引起的电致伸缩，使光波与光纤中无规则的热运动的弹性波发生耦合而产生的。当光波很强时，光波的电致伸缩形成的弹性波使光波自身发生显著的受激散射，产生很强的相干光和声波，它将大大减弱传输的光强。所谓拉曼散射就是传输介质的分子振动和旋转，使得极化强度不一样而造成的散射，其散射的程度与光强有关。在一般情况下，瑞利散射最强，拉曼散射最小。拉曼散射比布里渊散射小 $1\sim2$ 个数量级，布里渊散射则比瑞利散射小 $1\sim2$ 个数量级。图 6-6 为单模光纤的衰减谱。

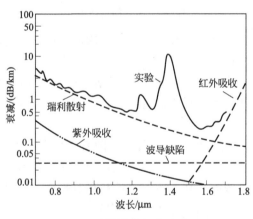

图 6-6　单模光纤衰减谱

除材料的固有散射外，在光纤制造过程中，也将由于光纤结构上的缺陷而产生散射损耗，称之为结构不完善散射。结构缺陷包括纤芯和包层交界面的不完整性、芯径的变化和光纤曲扭等。

光纤的制造过程中，往往不可避免地混入少量的过渡金属杂质。过渡金属杂质对光纤的损耗影响很大，往往成为实现光纤低损耗的重要障碍。

如光纤中含有羟基（—OH）则会在 $1.38\mu m$、$1.24\mu m$ 和 $0.95\mu m$ 三个波长上有吸收损耗，其中在 $1.38\mu m$ 处吸收最为明显。玻璃光纤中羟基的来源包括：①制造光纤的原料——

卤化物材料中的水分和含氢化合物以 OH⁻ 的形式残留在光纤中；②氧化物原料中含有微量的水分；③光纤制造过程中化学反应系统漏气或反应生成水；④石英管中的 OH⁻ 热扩散；⑤光纤制造收棒过程中外界空气进入所带来的水分等。羟基对光纤损耗影响很大，因此制备低损耗光纤的重要条件之一就是尽可能降低光纤预制棒中的羟基含量。

（4）光纤的带宽 用于通信的光纤，为了远距离大容量地传输信息，需要光纤具有足够的带宽。光纤的带宽可以用它对传输的光脉冲的展宽大小来表示。引起脉冲展宽的因素很多，主要有模式色散、材料色散和波导色散等。对于多模光纤，脉冲展宽主要由模式色散所引起；而单模光纤的脉冲展宽主要由材料色散所引起。通常模式色散比材料色散大得多，因此单模光纤的带宽比多模光纤大得多。

多模光纤中有许多传输模式，不同模式有不同的传输速度。一个光脉冲的能量是分布在各个模式上进行传输的，由于模式速度的差异，使得光脉冲经过一段光纤传输后引起展宽而发生畸变。光纤模式越多，脉冲展宽越严重。

光纤材料的折射率随传输光波长而改变的特性称为材料色散。折射率不同，光的传播速度也不同。因而对具有一定光谱宽度的光源来说，光波经光纤传输后将会产生时延从而形成另一类脉冲展宽。

光纤中某一个模的群速度随光波长而异的现象称之为波导色散。这种色散主要决定于光纤的结构参数即几何尺寸、折射率分布等。同一光纤中不同模，波导色散也不一样，多模光纤的波导色散实际是所有模的和。多模光纤的模式色散比波导色散大许多，故波导色散可以忽略。而由于单模光纤不存在模式色散，波导色散与材料色散相差不多，因而必须加以考虑。

（5）光纤的机械强度 对于以 Si—O 键为主体的石英玻璃材料，其理论上的抗拉强度甚至高于铜。而现实中玻璃破裂主要是其表面受到破坏而引起，如表面的划伤、裂痕、因加工原因引入气泡和杂质微粒等，这些因素使玻璃的实际抗拉强度比理论值下降许多。

因此，为保证光纤有足够的抗拉强度，在制造中尽量避免外界尘埃和水分的玷污以及机械损伤，同时对光纤进行多次涂覆与防潮保护。这样，光纤的抗拉强度一般可达到 100～300kg/mm²。

（6）光纤的温度特性 石英玻璃光纤本身物理性能很稳定，温度对光纤本身的影响很小。但光纤的制造需经过一道套塑工艺，所涂覆的多层塑料其温度特性与石英玻璃相比就差许多，两者的线膨胀系数相差近 1000 倍。因而当光纤从室温转入低温工作时，由于膨胀系数差异使得光纤受到很大轴向压缩力，致使产生微弯曲效应从而增大光纤损耗。改善光纤的温度特性可通过合理设计光纤结构、套塑材料和套塑工艺的合理选择来加以实现。

6.2.3 光纤的种类

光纤的分类方法很多，它既可以按照传输模式的多少来划分，也可以按照折射率分布来划分，还可以按使用材料的种类和所传光波长来划分。

按光纤传输模式来分，可分成多模光纤和单模光纤两类，相应的结构示意图详见图6-7。多模光纤中可以传输多个模式的光线，而单模光纤只能传输一个模式的光线。

而按纤芯折射率分布来分，目前主要有阶跃型、渐变型、三角形和 W 型折射率分布等几种。阶跃型光纤中，纤芯和包层的折射率各自在半径方向保持不变，且在纤芯和包层界面处呈现折射率突变，故又称为突变型光纤。渐变型光纤则纤芯轴线上折射率最大，而向周围

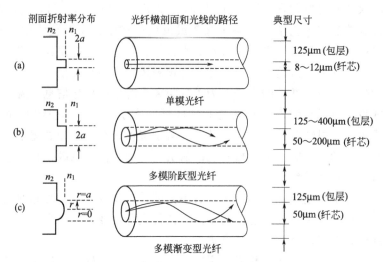

图 6-7 单模光纤与多模光纤的结构示意图

逐渐减小；包层的折射率是一个较低的恒定值。光线在阶跃型光纤中以曲折形状传播，脉冲信号畸变较大；而在渐变型光纤中是以正弦波的形状传播，脉冲信号畸变较小。

目前多模光纤主要有阶跃型与渐变型两种，而单模光纤主要为阶跃型或其改进型 W 型折射率分布光纤。多模阶跃型光纤制造工艺简单与光源的耦合效率较高，但传输带宽低于单模光纤。单模光纤频带窄、损耗低，但由于芯细，与光源耦合、接头等难度较大。

目前所应用的光纤可以传输从紫外到近红外波长（$0.3 \sim 1.6 \mu m$）的光，而一种特殊结构材料的光纤甚至可以传输 CO_2 激光器发出的 $10.6 \mu m$ 波长的光。从这个意义划分，光纤可分为传输紫外光、可见光、红外光几种。在通信领域，通常将光纤分为短波长光纤（$0.8 \sim 0.9 \mu m$）和长波长光纤（$1.3 \sim 1.6 \mu m$）两类。早期的光通信以短波长光纤通信为主，配合 GaAlAs 半导体激光器工作，多为多模光纤，其损耗较大（$2 \sim 3 dB/km$）。长波长光纤发展为单模低损耗光纤（$0.2 \sim 0.4 dB/km$），主要配合单模 InGaAsP 半导体激光器应用。随着塑料光纤在通信网络中应用，光纤通信又向可见光区拓展。目前，为适应长距离通信需要，正积极研制超长波长（工作在 $2 \mu m$ 以上波长）光纤，这种光纤属于非石英玻璃光纤，理论预测其损耗可低达 $0.001 dB/km$。光纤的一些典型特性见表 6-2。

表 6-2 典型的光纤特性

光 纤 类 型	芯直径 /μm	包层直径 /μm	最大衰减值/(dB/km) 工 作 波 长			带宽 /(MHz/km)
			850nm	1300nm	1500nm	
单模光纤	$5 \sim 10$	$70 \sim 130$	2.3	0.5	0.25	>10G
多模渐变型光纤	$50 \sim 100$	$120 \sim 150$	$2.4 \sim 3.5$	$0.6 \sim 1.5$	$0.3 \sim 0.9$	200M~2G
多模阶跃型光纤	$200 \sim 300$	$350 \sim 450$	6.0			10~50M

从光纤所使用的材料组分来划分，光纤又可分为石英系光纤（包括掺杂石英芯和纯石英芯光纤）、多组分玻璃光纤、全塑料光纤、氟化物光纤（包括氟化物玻璃、氟化物单晶、氟化物多晶）、硫硒碲化合物光纤、重金属氧化物光纤、金属空心波导光纤、液心光纤等。

石英光纤是目前通信所应用的唯一商品化材料。多模石英光纤适用于短距离通信，为了提高与光源的耦合效率，有向大纤维直径和高数值孔径发展的趋势。但远距离通信以使用单模石英光纤为宜。石英光纤主要由 SiO_2 构成，一般采用 $SiCl_4$ 或硅烷等挥发性化合物进行氧化或水解，通过气相沉积获得低损耗石英光纤预制件，再进行拉丝。光纤的折射率可通过掺杂氧化物来加以调节。

多组分玻璃光纤的成分除石英外还含有 Na_2O、K_2O、CaO、B_2O_3 等其他氧化物，其特点是熔点低、纤芯与包层的折射率差很大，可用传统的坩埚法拉丝，适于制作大芯径、大数值孔径光纤，主要用在医疗业务的光纤内窥镜。

红外光纤主要用于光能传送，如温度计量、热图像传输、激光手术刀医疗、热能加工等。目前正在研究的有重金属氧化物玻璃、卤化物玻璃、硫系玻璃和卤化物晶体等。

卤化物光纤包括 $TlBr$、$TlCl$、$AgCl$ 晶态光纤材料及含 BeF_2、BaF_2、ZrF_4 等的玻璃光纤材料，其制造难度比氧化物光纤大，且需保护涂层，但传输损耗低。估计氟化物玻璃光纤可接近 $0.001dB/km$ 的最低理论损耗，有可能实现数千公里无中继通信。

硫系玻璃光纤的光学损耗高，主要用途是短距离传能。这种玻璃具有较宽的红外透过区域（$1.2\sim12\mu m$），能传输 $10\mu m$ 以上的光波，可与 CO_2 激光器相匹配，在一根光纤上能传输数瓦的能量。研制这种光纤对拓宽 CO_2 和 CO 大功率激光器的应用领域具有重要意义。

重金属氧化物光纤的研究，主要局限在 GeO_2 系统，可用作红外光纤、非线性光学光纤，尤其是可用来实现光信号放大（受激拉曼放大），有可能用于超长距离光学传输系统。在传能方面，$80GeO_2\cdot10ZnO\cdot10K_2O$ 空心纤维是供 CO_2 激光器传能用的一种较好的包层材料。

全塑料光纤主要由特制的高透明度有机玻璃、聚苯乙烯等塑料制成，已制成阶跃型和梯度型多模光纤，目前光纤损耗已降至每公里数十分贝。其特点是柔韧、加工方便，芯径和数值孔径大。

6.2.4 光纤、光缆制作技术

以目前使用最广泛的石英系光纤为例，光纤、光缆的制作工艺流程包括原材料制备与提纯、制棒、拉丝与涂覆、套塑与成缆等过程。

生产石英光纤所需的原材料有液态卤化物 $SiCl_4$、$GeCl_4$、$POCl_3$、BBr_3、CF_2Cl_2（氟里昂）等。为了保证光纤质量，要求原材料中过渡金属、羟基等杂质含量少至 PPb 量级，因此必须对原料进行提纯。目前广泛采用的提纯方法是精馏法、吸附法或两者同时使用的混合提纯方法。对液态卤化物要使用精馏法或混合提纯方法，对气态原料用吸附法。

制造光纤时，必须先将原材料制成预制棒，其工艺原理详见图 6-8。制棒的工艺要求很高，除了高纯度外，对预制棒的折射率和几何尺寸等方面都要符合要求。目前国际上生产石英光纤预制棒的方法有十多种，其中普遍使用，并能制作出优质光纤的制棒方法主要有：改进的化学气相沉积法（modified chemical vapour deposition，简称 MCVD）、棒外化学气相沉积法（outside vapour deposition，简称 OVD）、轴向气相沉积法（vapour axial deposition，简称 VAD）和微波等离子沉积法（plasma chemical vapour deposition，简称 PCVD）四种。其制棒的基本原理如图 6-8 所示，主要由原料供给系统、反应沉积系统和监测控制系统三部分组成。

利用 MCVD 法制作预制棒时，氧气作为载体把 $SiCl_4$ 原料和掺杂剂 $GeCl_4$ 等带入石英管，在外热能的作用下发生氧化还原反应，其化学反应式为：

$$SiCl_4+O_2\xrightarrow{高温}SiO_2+2Cl_2 \tag{6-1}$$

$$GeCl_4 + O_2 \xrightarrow{\text{高温}} GeO_2 + 2Cl_2 \tag{6-2}$$

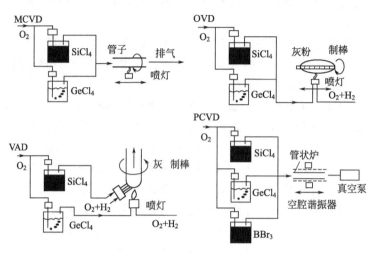

图 6-8　光纤预制棒的四种制备工艺原理

化学反应后生成的氧化物微粒沉积在石英管的内壁上，通过往复移动的氢氧焰加热变成透明的玻璃。加热喷灯每往返移动一次就在管内壁生成一层沉积层，通过多次沉积后停止供料。然后提高火焰温度使中心孔封闭，封孔工艺称为收棒。待中心孔完全封闭后，制棒过程即完成。

OVD 法与 MCVD 法不同，其主要的原料、掺杂剂、氢气和氧气都是从喷灯中喷出的。燃烧时，发生以下的水解反应：

$$SiCl_4 + 2H_2O \xrightarrow{\text{高温}} SiO_2 + 4HCl \tag{6-3}$$

$$GeCl_4 + 2H_2O \xrightarrow{\text{高温}} GeO_2 + 4HCl \tag{6-4}$$

化学反应生成的氧化物微粒沉积在均匀转动的芯棒上，该芯棒一般用石英、石墨或氧化铝材料制成。经多次沉积后得到所要求的尺寸，停止工作，取出芯棒。当使用石英芯棒时，不要求取出芯棒。芯棒在受控气氛中脱水、烧结成透明的玻璃棒，即完成制棒过程。

VAD 法从原理上说与 OVD 法相似，其不同之处在于它不是径向沉积而是轴向沉积。化学反应生成的玻璃微粒附在一个盘上，盘不断旋转，并通过提升杆慢速上升，保持沉积物与喷灯之间的距离不变。VAD 法的特点是可以连续生长，适合于制成大型的预制棒。

PCVD 法与 MCVD 法的工艺相似之处是它们都是在高纯石英玻璃管管内进行气相沉积和高温氧化反应。所不同之处是 PCVD 法工艺用的热源是微波，其反应机理为微波激活气体产生等离子使反应气体电离，电离的反应气体呈带电离子；带电离子重新结合时释放出的热能熔化气态反应物形成透明的石英玻璃沉积薄层。由于 PCVD 不需要氢氧焰加热，对光纤的大批量生产有很大经济效益。

此外，光纤的制备工艺方法还有生产多组分玻璃光纤的双坩埚法、生产塑料光纤和多晶光纤的挤压法、生产单晶光纤的生长法、生产超长波长氟化物玻璃光纤的浇注法等。

拉丝是将预制棒拉制成符合外径要求的光纤的工艺。拉制成的光纤，其芯径和外径比保持与预制棒一样，只是尺寸相应缩小，光纤的折射率分布形式也与预制棒相同。拉丝用的加热炉有高纯石墨炉、氧化锆炉、CO_2 激光器和高频炉等几种。拉制时直立的预制棒下端受热软化，借助于重力下坠，利用拉丝机即可拉丝。预制棒拉成光纤后，为保证其机械强度，应立即对光纤进行预涂覆,涂覆材料主要有硅树脂、聚氨基甲酸乙酯、环氧树脂和丙烯酸树脂等几种。

为了进一步保护光纤,提高光纤的强度,还需在已有预涂覆层的光纤上再进行套塑。套塑的材料要求热稳定性、力学性能和化学性能能好,套塑后的光纤称为光纤芯线。套塑后的光纤要进行筛选,选出机械强度满足要求的芯线编成不同种类的光缆。

6.2.5 其他光纤通信系统材料

光纤通信系统的种类很多,目前普遍采用的是强度调制-直接检波的光纤数字通信系统,主要由光发送机、光纤、光接收机、光放大器和光波系统互联器件(包括光纤连接器、光纤耦合器、波分复用器、光调制器、光开关等)组成。

光发送机由光源及其驱动电路、光源的调制部分以及光源与光纤的耦合部分等构成。光发送机的光源是各种半导体激光器或半导体发光二极管。半导体激光器适用于长距离、大容量的光纤通信,发光二极管则用于中、低速率短距离的光纤数字通信系统和光纤模拟信号传输系统。半导体激光器发射的激光波长对应于光纤通信中三个低损耗窗口($0.85\mu m$、$1.31\mu m$ 和 $1.55\mu m$)。在 $0.85\mu m$ 波段主要使用 GaAlAs/GaAs 半导体激光器,在 $1.31\mu m$ 和 $1.55\mu m$ 波段主要使用 InGaAsP 半导体激光器。

对光源的调制是指将欲传输的信息加载到光波上的操作,分为内调制和外调制两种。所谓内调制是指直接对光源进行调制;以半导体激光器为例,其发光功率 P 与注入电流 I 的关系如图 6-9 所示,注入电流超过阈值电流 I_t 之后,P-I 曲线基本是直线(半导体发光二极管也有类似的线性关系);此时只要在呈直线部位加入调制信号(即加入跟随输入信号变化的注入电流),则输出的光功率 P 就跟随输入信号变化,于是信号就调制到光波上了。外调制方式不直接对光源调制,而是当光从光源射出以后,在光传输通道上对光进行调制。外调制主要分为电光调制、声光调制和磁光调制等。

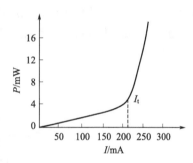

图 6-9 半导体激光器的 P-I 特性曲线

电光调制的工作原理基于 $LiNbO_3$ 等电光晶体的线性电光效应;声光调制的工作原理则基于压电晶体的声光效应;而磁光调制的工作原理基于钇铁石榴石(YIG)等磁棒的法拉第效应。

光接收机的作用是将光信号转换回电信号,恢复光载波所携带的原信号。光接收机的原理图详见图 6-10。光接收机主要由光检测器、前置放大器、主放大器、均衡滤波器、自动增益控制电路、判决器、时钟恢复电路和译码器等构成。在光接收机中,首先由光检测器对光信号解调,将光信号转换为电信号。光电检测器的种类有 PIN 光电二极管、雪崩光电二

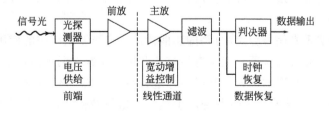

图 6-10 光接收机原理图

极管等。

在光通信网络中，影响光通信线路最大中继距离的主要因素是光纤的损耗和色散。光纤损耗导致脉冲信号幅度减小，色散则导致脉冲宽度展宽、波形畸变。这两个因素都会降低光纤系统的传输质量。为保证长途光缆干线可靠的性能指标，可在光缆干线上设立中继器件来消除光纤损耗和色散的负面影响。光放大器就是光通信系统中常用的一种中继器件，主要可分为半导体光放大器和光纤放大器两类。

半导体光放大器（semiconductor optical amplifier，简称 SOA）是一种结构类似于双异质结半导体激光器的具有光增益的光电器件，其与半导体激光器的主要区别是，半导体激光器包含具有平行反射腔面的内部光反馈机构，而 SOA 没有。SOA 的两个端面镀上了抗反射膜，因此不能实现激光振荡。当注入电流超过激射阈值电流后，粒子数反转达到一定程度，SOA 就开始出现增益，表现为对输入光的放大作用，直至内部增益趋于饱和。目前 SOA 主要采用多量子阱结构，由若干个量子阱组成。其中量子阱采用几个纳米厚的 InGaAs 半导体材料，势垒采用几个纳米厚的 InGaAsP 半导体材料。

光纤放大器主要包括光纤拉曼放大器（fiber raman amplifier，简称 FRA）和掺铒光纤放大器（erbium-doped fiber amplifier，简称 EDFA）两种。FRA 是由光纤耦合器、非晶态石英光纤和光滤波器组成的一种基于受激拉曼散射的非线性光纤放大器，其中非晶态石英光纤对光信号起放大作用。掺铒光纤放大器 EDFA 则是目前光通信系统中使用最为广泛的光放大器，正向结构的 EDFA 一般由泵浦激光器、光耦合器、掺铒光纤（EDF）、光隔离器和光滤波器构成（图 6-11），利用掺铒石英光纤中的 Er^{3+} 作为增益介质，在泵浦光的激发下实现光信号的放大。

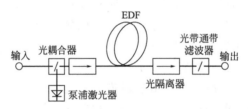

图 6-11　正向泵结构 EDFA 示意图

SOA 特别适用于波分复用系统的信号放大，因为它可以同时放大所有信道的信号。但 SOA 的输出饱和功率比较小，不如 EDFA，故目前实际使用的光通信系统中主要采用后者。

光纤连接器是使一根光纤与另一根光纤相连接的器件，它是光波系统中使用量最多的器件，按结构分类，可分为固定接头和活动连接器两种。固定接头采用熔接和拼接两种接续方式，通过由计算机和图像处理自动控制的光纤熔接机采用电弧法来完成接续的。光纤活动连接器主要有圆柱套筒型和多芯光缆连接器两种。圆柱套筒型连接器有两个金属或陶瓷的套筒，用来固定两根需要连接的光纤。多芯光缆连接器根据光纤芯数和应用场合的不同，可采用多种结构。

光纤耦合器是实现光信号分路/合路的功能器件，在光波系统中的使用量仅次于连接器。多模与单模光纤均可做成耦合器，通常有拼接式和熔融拉锥式两种结构型式。拼接式结构是将光纤埋入玻璃块中的弧形槽中，在光纤侧面进行研磨抛光，然后将研磨后的两根光纤拼接在一起，靠透过纤芯-包层界面的消逝场产生耦合。熔融拉锥式结构是将两根或多根光纤扭绞在一起，用微火对耦合部分加热，在熔融过程中拉伸光纤，形成双锥形耦合区。

波分复用/解复用器（wavelength division multiplex/dense wavelength division multiplex，简称 WDM/DWDM）是一种特殊的耦合器，是构成波分复用多信道光波系统的关键器件，其功能是将若干路不同波长的信号复合后送入同一根光纤中传送，或将在同一根光纤中传送的多波长光信号分解后分送给不同的接收机。WDM 器件是一种无源器件，主要可分为熔锥光纤型、干涉滤波型、光栅型和集成光波导型。熔锥光纤型 WDM 主要是通过控制熔锥区的锥度和拉锥速度，使直通臂只输出某一波长的光，而使耦合臂只输出另一波长的光来实现分光输出的。干涉滤波型 WDM 是采用多层介质膜作为滤波器，使某一波长的光通过，而其他波长的光被阻止；这种器件是由 TiO_2 和 SiO_2 等薄膜材料按照高、低折射率匹配要求交替叠合而成的多层膜结构组成的。光栅型 WDM 是利用光栅的折射或衍射特性使入射多波长复合光在空间分散为各个波长分量的光，或者将各个波长的光汇聚成多波长复合光。

用于光调制器和光开关的信息材料主要是一些电光、声光和磁光调制材料。此外光波系统还包括其他一些无源器件如光隔离器、环行器、偏振控制器和衰减器等。

6.3 微波通信材料

通常把波长从 1mm 到 1m 范围内的电磁波称为微波。在整个电磁波谱中，微波处于射频无线电波与红外线之间，是频率最高的无线电波，它的频带宽度比所有普通无线电波波段总和宽 1000 倍。微波又可分为分米波、厘米波和毫米波三个波段。典型数字微波的性能详见表 6-3。

表 6-3 典型数字微波的性能

波长 /mm	波段 /GHz	带宽 /MHz	数据传输速率 /(MB/s)	波长 /mm	波段 /GHz	带宽 /MHz	数据传输速率 /(MB/s)
150	2	7	12	37.5	11	40	90
50	6	30	90	27.3	18	220	274

与普通无线电波相比，微波主要有传播特性与光相似、频率高、能穿透电离层等优点。利用微波与光相似的传播特性，可制造出高方向性微波天线，用来发射和接收微波信号。利用微波频率高的特点，可将微波作为多路通信的载频。利用微波能穿透电离层的特点，可用微波进行宇航通信、卫星通信和射电天文学研究等。

微波技术主要有雷达、通信、科学研究、生物医学和微波能等方面的实际应用。在通信的应用方面，可分为有线微波通信和无线微波通信两大类。有线微波通信技术利用同轴电缆传输信息，可同时传输几千路电话和几路电视；无线微波通信利用微波的中继接力传送电视信号，利用微波能穿透电离层的特性，可进行卫星通信和宇航通信。利用外层空间三颗互成 120°角的同步卫星，就能实现全球通信和电视实况转播。

6.3.1 微波传输线材料

微波传输线是用来传输微波信号和微波能量的传输线。微波传输线的种类很多，常用的有平行双线、矩形波导、圆波导、同轴线、带状线和微带线等。可根据不同的需要选择不同的微波传输线。

同轴线从其横截面中心往外依次为金属导体芯线、绝缘层、金属同轴管、护层。常用金属导体材料有黄铜、铜、铝等，常用绝缘层材料和护层材料有聚乙烯、聚四氟乙烯、聚苯乙烯等。波导管是金属如黄铜等制成的空心导管，截面有矩形和圆形之分，多为矩形，尺寸与微波波长为同一数量级。

平行双线只能用来在微波的低频段传播微波电磁能量，不能用于微波通信。同轴线和波导等都是封闭式的传输线，不存在辐射损耗，可用于微波高频段信号和能量的传输，其中同轴线只适用于厘米波段。波导既可用于厘米波段，也可用于更高频率，但波导存在带宽较窄、体积和质量较大的缺点。

无线微波通信的发展需要越来越多的微波集成电路，同轴线和波导都无法满足微波集成电路平面工艺的要求，故人们又发明了带状线和微带线，其中微带线具有频带宽、体积小和质量轻等优点，是微波集成电路中最常用的传输线。

带状线和微带线等平面化传输线的特点是利用高介电常数、低微波损耗的介质材料如氧化铝陶瓷、蓝宝石、铁氧体等对所传输的微波进行有效的约束和定向传播。微波在这些介质材料中的传播速度比空气中的光速低得多，导致波长缩短，故平面化传输线可将尺寸做得很小。

6.3.2 铁氧体微波材料

微波系统是由各种微波元件和微波传输线构成的。铁氧体多晶和单晶是用来制备微波元件的一种重要材料。利用铁氧体独特的旋磁效应，可制成多种微波器件，如环行器、隔离器、移相器、振荡器、滤波器、接收机前端等。

在微波铁氧体元件上外加一个恒定磁场 H_0，如果 H_0 的方向与微波的传播方向相平行或垂直，铁氧体就会受到纵向磁化或横向磁化。如果微波磁场的两个振幅相等，相位差为 $\pi/2$ 的正交分量（如 H_x 和 H_y）的合成磁场随时间的变化与恒定磁场 H_0 的方向满足右手螺旋关系，则为正圆极化波；反之则为负圆极化波。正、负圆极化波考察的物理量是磁场，参考的方向是恒定磁场 H_0 的方向。

在恒定磁场和微波的作用下，铁氧体中的自旋电子不仅作自旋运动和轨道运动，还围绕恒定磁场作旋转运动，这种双重运动称为电子的进动。铁氧体会因电子的进动呈现各向异性。此时铁氧体的磁导率 μ 为一张量。

当铁氧体在恒定磁场和正、负圆极化波作用下，铁氧体的磁导率为标量 μ_+ 和 μ_-，如果考虑损耗，则有 $\mu_\pm = \mu'_\pm - \mu''_\pm$。图 6-12 给出了 $\mu'_\pm$ 及 $\mu''_\pm$ 与恒定磁场 H_0 的关系，并标出了各种铁氧体元件的工作区域。

由图 6-12 可见，当 H_0 较大时，铁氧体工作在谐振区，μ'_+ 和 μ''_+ 具有谐振特性，因而会吸引微波能量，即铁氧体会吸收正圆极化波。μ'_- 和 μ''_- 没有谐振特性，即铁氧体不会吸收负圆极化波。利用铁氧体对正圆极化波发生谐振吸收，而几乎无衰减地让负圆极化波通过的特点，可制成单向传输的微波隔离器。

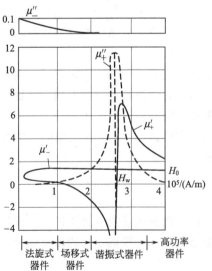

图 6-12 铁氧体磁导率与恒定磁场的关系

当铁氧体工作在 H_0 小于谐振区的场移区时，

μ_+^r 为负值, μ_-^r 总大于 1, 因此铁氧体会吸引负圆极化波、排斥正圆极化波, 导致正圆极化波离开铁氧体、负圆极化波靠近铁氧体, 使场结构发生位移, 这种特性称为场移特性。利用场移特性可制成场移式移相器。

所谓铁氧体的旋磁效应, 就是指铁氧体在微波频段呈现的磁导率张量特性和谐振特性。利用铁氧体独特的旋磁效应, 可制成多种微波器件如环行器、隔离器、移相器、振荡器、滤波器、接收机前端等。

评价微波铁氧体旋磁性能的主要参数是饱和磁化强度 M_s 和铁磁共振线宽 ΔH。铁氧体材料的 M_s 越高, 其旋磁性就越强。但由于未磁化饱和引起的低场损耗也会随 M_s 增高而变大, 选择材料时要综合考虑这两方面的因素。ΔH 是指铁磁共振吸收峰的半高宽度, 铁氧体材料的 ΔH 值越小, 越有利于器件降低插入损耗和展宽频带。微波铁氧体单晶的 ΔH 值一般比微波铁氧体多晶材料要低得多, 这是因为多晶材料中有较多的气孔。另一方面, 各向异性也会使微波铁氧体多晶材料的 ΔH 增宽, 可通过离子代换使材料的各向异性减弱, 从而降低材料的 ΔH 值。

按照晶体结构划分, 常用微波铁氧体多晶材料可分为石榴石型、尖晶石型和磁铅石型三种。石榴石型铁氧体 $(Y_3, Gd_3)Fe_5O_{12}$ 是最常用的微波铁氧体材料, 主要优点是 ΔH 低并且其旋磁特性可通过离子代换加以调节, 在 3cm 至米波段的微波铁氧体器件中有重要应用。尖晶石型铁氧体的特点是饱和磁化强度高、居里温度和磁滞回线矩形度高的特点, 且成本较低, 可用于 3cm 至毫米波段器件制作和要求高饱和磁化强度的场合; 尖晶石型铁氧体主要分为镍铁氧体 $(Fe^{3+})[Ni^{2+}Fe^{3+}]O_4$、锂铁氧体 $(Fe^{3+})[Li_{0.5}^+Fe_{1.5}^{3+}]O_4$ 和镁铁氧体 $(Fe^{3+})[Mg^{2+}Fe^{3+}]O_4$ 等。它们的旋磁特性可通过用一些非磁性离子对 Fe^{3+} 离子的取代加以调节。镍铁氧体适合制作高功率器件, 锂铁氧体则适用于制作低损耗器件和移相器。M型磁铅石型铁氧体 $Ba(Sr)Fe_{12}O_{19}$ 和 W 型磁铅石型铁氧体 $BaM_2Fe_{16}O_{27}$ (M 型为 Co、Ni 等)的特点是具有单轴各向异性和高各向异性内场, 可用于毫米波谐振式器件。磁铅石型铁氧体也可通过用非磁性离子替换 Fe^{3+} 离子来调节旋磁特性。

微波铁氧体单晶的铁磁共振线宽 ΔH 比多晶低得多, 故有利于器件降低插入损耗和展宽频带。微波铁氧体单晶主要作为谐振子用于微波电调滤波器和振荡器。

6.3.3 微波集成电路材料

传输线平面化导致微波集成电路在 20 世纪 60～70 年代得到迅速发展。目前各种军用电子系统如包括军事通信都大量采用微波集成电路, 只有某些同时要求高功率容量和高可靠性的地面微波设备仍在使用传统的波导型器件。微波集成电路分为两类, 一种是混合微波集成电路 (hybrid microwave integrated circuit, 简称 HMIC), 另一种是单片微波集成电路 (microwave monolithic integrated circuit, 简称 MMIC)。

HMIC 中仅有部分无源元件一体化, 有源器件例如半导体二极管、三极管和其他一些光源器件是在最后装配上去的。MMIC 中有源器件和无源器件则用半导体工艺分阶段制作在同一块半导体衬底上。无论是 HMIC 还是 MMIC, 衬底在影响微波信号传输和串扰性能这正反两个方面都起着关键作用, 因此衬底材料的选择至关重要, 一般都是按照电性能要求做出选择。

微波集成电路对衬底材料电性能的要求主要由两个, 第一是高电阻率, 以提高各元器件和电路之间的隔离度; 第二是低的微波吸收率, 以降低传输损耗。高纯氧化铝陶瓷同时具有高电阻率和低的微波吸收率，故一般 HMIC 都选用它作为衬底材料。MMIC 由于是单片集成，被集成的各种有源、无源器件对衬底的要求很不一样，而且工作于微波不同频段的器件对衬底材料的要求也不一样。除了考虑衬底材料要有与氧化铝接近的微波性能外，还要考虑单片集成的各种需求，因此 MMIC 衬底材料的选择余地很小。目前 MMIC 使用的衬底材料主要有蓝宝石单晶上外延 Si(Silicon on sapphire，简称 SOS)、半绝缘的 GaAs 和 InP 等几种。其中 SOS 仅适用于在微波低端频率工作的 Si MMIC。GaAs 材料的饱和电子速度和电子迁移率分别是 Si 的 2 倍和 5～6 倍，因此 GaAs 的频率特性和功耗特性都优于 Si，故以 GaAs 为衬底的 GaAs MMIC 适用于整个微波频段。而 InP 材料的电子迁移率、电子饱和速度、热导率和击穿场强等性能更优于 GaAs 材料，故后来在微波高端频率即毫米波波段，以 InP 为衬底的 InP MMIC 又逐渐取代了 GaAs MMIC。

MMIC 的有源器件，以 GaAs MMIC 为例，相继有金属-半导体场效应晶体管（metal semiconductor field effect transistor，简称 MESFET）、高电子迁移率晶体管（high electron mobility transistor，简称 HEMT）、具有晶格准配位结构的高电子迁移率晶体管（pseudomorphic high electron mobility transistor，简称 PHEMT）和异质结双极晶体管（heterojunction bipolar transistor，简称 HBT）等。

MESFET 是 MMIC 中使用最早和最广泛的有源器件，其特点是结构简单，在半绝缘 GaAs 衬底上生长一层 N 型掺杂 AlGaAs 有源层作为导电沟道，其上加上源、漏、栅三个电极即可。HEMT 与 MESFET 的区别在于导电沟道。HEMT 的导电沟道有两层外延层，除了一层 N-AlGaAs 外，在 N-AlGaAs 和衬底之间还增加了很薄的一层未掺杂的 GaAs。采用这种结构的目的是在这两层外延层的界面靠近未掺杂的 GaAs 一侧形成一个势阱，并使 N-AlGaAs 中的电子移入该势阱。由于导电电子离开了 N-AlGaAs 母体，而且未掺杂的 GaAs 的结晶体缺陷少，故 HEMT 的电子迁移率很高。

PHEMT 则采用了一种所谓晶格准匹配的材料体系，例如 AlGaAs/InGaAs/GaAs。与 HEMT 的不同在于，PHEMT 在 AlGaAs 和 GaAs 之间嵌入了一层 InGaAs，导电沟道设在 AlGaAs/InGaAs 界面靠近 InGaAs 一侧，由于 InGaAs 的导电性能更好，而且 AlGaAs/InGaAs 界面晶格失配造成的应力会使电子所处的势阱更深更陡，故电子逃逸回母体的机会更少，从而提高器件的频率、增益、功率、噪声等性能。GaAs HBT 以半绝缘的 GaAs 为衬底，发射区采用宽禁带半导体材料 GaAlAs，基区和集电极则采用 GaAs。HBT 的优点是频率特性和电流稳定性好、电流驱动能力强，故 HBT 非常适合数字和功率运用。除 GaAlAs/GaAs 之外，HBT 还采用于不含 Al 的 InGaP/GaAs 和 InGaAs/InP 等材料系统。

与普通集成电路最大的区别是，MMIC 中有源器件仅占芯片中很小的面积，因此芯片的绝大部分面积都是被无源元件所占据的。MMIC 使用的无源元件主要有两种。一种是尺寸远小于波长的集总参数元件如电阻、电容和电感，另一种是分布参数元件如微带线（microstrip）、共面波导（coplanar waveguide，简称 CPW）等。

MMIC 的电容常在制作有源器件时一起制作，如为节省芯片面积，高值电容常采用金属—介质—金属（metal-insulator-metal，简称 MIM）叠层结构。MIM 电容底层金属与 FET 的栅金属化同时用蒸发方法制作，介质层则在淀积器件表面钝化保护层时同时制作，顶层金属则与传输线、平面电感线条以及外引线等共用同一步蒸发工艺制作。类似的方法在电阻、电感的制作中也经常采用。采用的金属材料主要有 Ti、Pr、Au 等，介质材料有 Si_3N_4 等。

6.4　GSM 数字蜂窝移动通信材料

所谓移动通信，是指通信双方至少有一方是处于移动状态下实现的通信。移动通信的种类很多，目前主要包括 GSM 数字蜂窝移动通信、卫星移动通信和无线寻呼及无绳电话。

6.4.1　GSM 数字蜂窝移动通信系统

GSM(global system for mobile communication) 数字蜂窝移动通信系统是一种小区制大容量公用移动电话系统，其用户量容量大、覆盖区域广、功能齐全、通话质量好，是目前发展最为迅速的移动通信系统之一。它主要由移动台（mobile station，简称 MS）、基站子系统（base station subsystem，简称 BSS）和网络交换子系统（network sub-system，简称 NSS）三个部分组成（图 6-13）。基站子系统 BSS 既与网络交换子系统的交换机连接，还通过无线接口与移动台连接。GSM 系统中的移动台分为车载台、便携台和手持台三种，其中手持台就是我们日常所说的移动电话。

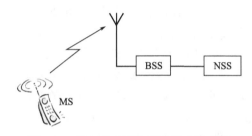

图 6-13　蜂窝移动通信系统组成示意图

基站子系统 BSS 由在无线路径上发送、接收和管理的设备如基站收发信机（base transceiver station，简称 BTS）和基站控制器等（base station control，简称 BSC）构成。基站收发信机是一个带有收发天线和控制单元的调制解调器，其核心是编码变速器/速率适配单元（transcoder and rate adapter unit，简称 TRAU），TRAU 是用来执行 GSM 系统特有的语音编解码和数据速率适配的器件。基站控制器（BSC）通过 BTS 和移动台的迹端信令，负责所有的无线接口管理，包括信道分配、释放和移动管理。BSC 会根据移动台与基站的距离自动控制发射功率，以降低移动台的发射信号电平，减小对其他移动台的射频干扰并延长电池的使用时间。

网络交换子系统 NSS 的任务是履行 GSM 系统的主要交换功能和管理数据库（包括用户数据和移动性所需各种数据等）。NSS 由移动交换中心（mobile switching center，简称 MSC）以及归属位置登记器（home location register，简称 HLR）、来访者位置登记器（visitor location register，简称 VLR）和认证鉴别中心（authentication center，简称 AUC）三个数据库构成。

NSS 通过 MSC 实现基本交换功能，故 MSC 是 GSM 通信网中最核心的部分。MSC 的主要功能是管理呼叫、切换、搜集计费和账单信息、提供 GSM 网络与其他网络间的接口等。HLR 数据库用来储存用户信息和临时位置信息。VLR 数据库负责保存当前位于 MSC 服务区域内所有移动台的动态信息。AUC 数据库保存了各种认证资料和密钥，用来认证用户、鉴别欺骗并对传输信息加密。

移动电话主要由两部分组成：一部分是包含无线接口由软硬件构成的收发机，另一部分是用户身份识别模块卡（subscriber identity model，简称 SIM）。SIM 卡与手机硬件之间通过 SIM-ME 接口进行数据交换。

收发机硬件部分的主要部件是组装了集成度很高的整机功能电路的印刷电路板。整机功能电路主要由射频收发电路和逻辑控制单元电路两大部分组成，还包括电源供电单元电路。

射频收发电路又可分为收信单元电路和发信单元电路两个单元。收信单元电路由天线开关电路、低噪声放大器、射频本征锁相环路、中频本征锁相环路、射频混频与中频解调电路和接收 I/Q 基带信号处理电路等构成。发信单元电路由发射 I/Q 基带信号处理电路、发射中频调制电路、发射载波调制电路、发射功率放大电路和发射功率控制电路等构成。

GSM 手机的所有程序和功能控制由逻辑控制单元电路中的 CPU 完成，其工作方式与普通计算机相同。程序的执行和功能控制都是通过 CPU 与 Flash、EEPROM、SRAM 等存储器进行数据交换来实现的。逻辑控制还包括键盘扫描、液晶屏显示、背光照明控制、状态指示控制、振动提示驱动控制、SIM 卡控制、实时时钟等电路。

GSM 手机的电源供电单元电路一般由一片或多片稳压模块组合而成。其开机触发端与电源开关键相连，锁定控制端与 CPU 的开机维持信号端相连。

与其同时，在移动通信领域得到迅速发展的还有 GPRS、CDMA 移动通信系统等。GPRS(general packet radio service) 是通用无线分组业务的简称，是作为第二代移动通信技术 GSM 向第三代移动通信（3G）的过渡技术；GPRS 在现有 GSM 网络的基础上叠加了一个新的网络，同时增加一些硬件设备和软件升级；GPRS 是一项高速数据处理的技术，以分组交换技术为基础，用户通过 GPRS 可以在移动状态下使用各种高速数据业务，如 E-mail、Internet 浏览等。码分多址（code division multiple access，简称 CDMA）蜂窝通信系统则是以扩频技术为基础、把信息的频谱扩展到宽带中进行传输的技术，具有抗干扰、抗多径时延扩展、隐蔽、保密和多址能力，它对 GSM 技术形成了强有力的挑战。

6.4.2　GSM 移动通信材料

移动电话的核心结构包括射频单元和基带单元。其射频单元负责无线信号的接收与发送，包括双工器（或天线开关）、低噪声放大器、接收器、发送器、功放和锁相环（phase locked loop，简称 PLL）频率合成器等。基带单元的核心部分是用于话音压缩/复原等数字信号处理的数字信号处理器（digital signal processor，简称 DSP）和微控制器（micro controller unit，简称 MCU），DSP 用来实现编解码、调制解调、加密解密、话音数据的压缩解压缩和通信协议栈中物理层协议的功能，而 MCU 则用来支持用户操作界面，并实现通信协议栈中的上层协议的各项功能。

移动电话是一个双工电台，为了能在一根共用天线上同时进行收发工作，在天线端必须使用双工器或天线开关，为收发信号提供互相隔离的通道。同时使发射器产生的接收频段的噪声得到足够的抑制，不至于影响接收器的接收灵敏度，而从天线接收的信号可通过接收通道进入接收器的低噪声放大器。双工器实为两个带通滤波器，常用的有陶瓷介质双工器和 SAW 双工器等类型。由电感电容构成的 LC 陶瓷介质滤波器存在元件多、电路结构复杂、体积较大和对高频信号的频率特性差等缺点，而声表面波滤波器（surface acoustic wave filter，简称 SAWF）则具有体积小、无需调试、性能稳定、动态范围宽、相位失真小，抗干扰能力强等优点，故 GSM 手机一般都采用 SAWF 作为射频系统的带通滤波器。

SAWF 的结构和原理如图 6-14 所示。SAWF 以压电材料为基片。基片表面有两对梳齿状金属电极，一对作为输入电极，另一对作为输出电极。当交变电信号被加至输入端时，就会在输出电极对间激发交变电场。在该交变电场作用下，输入电极下的压电基片表层就会因为电致伸缩效应发生机械振动而产生表面波，当表面波到达输出电极对时，表面波通过梳齿状输出电极转换成交变的电信号，并通过输出电极的两个引出端送往下一级电路。SAWF 的频谱特性取决于压电材料的电致伸缩效应、声表面波在压电材料上的传播速度和梳齿电极的形状、间距、大小、长短、数目和相对位置等。呈钙钛矿结构的锆钛酸铅 $PbZr_xTi_{1-x}O_3$（PZT）材料是最常用的压电材料。经过多年的改性研究，在 PZT 系统中已获得多种性能优良的压电陶瓷，其中用于 SAWF 的主要有 $Pb(Co_{1/3}Nb_{2/3})O_3\text{-}PbTiO_3\text{-}PbZrO_3$、$Pb(Cd_{1/3}Nb_{2/3})O_3\text{-}PbTiO_3\text{-}PbZrO_3$、$Pb(Zn_{1/3}Nb_{2/3})O_3\text{-}PbTiO_3\text{-}PbZrO_3$ 和 $Pb(Mn_{1/3}Nb_{2/3})O_3\text{-}PbTiO_3\text{-}PbZrO_3$ 等。

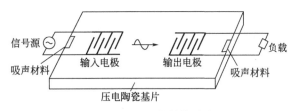

图 6-14　SAWF 的结构示意图

PLL 频率合成器主要用于通信系统中的 FM 解调、数字频率合成以及低信噪比情况下的载波恢复，它由鉴相器、环路滤波器和压控振荡器三个基本部件组成。鉴相器是个相位比较装置，对输入信号与压控振荡器的输出信号相位进行比较，产生对应于两个信号相位差的误差电压；环路滤波器的作用是滤除误差电压中的高频成分和噪声，以保证环路所要求的性能，增加系统的稳定性；压控振荡器受控制电压的控制，使压控振荡器的频率向输入信号的频率靠拢，直至消除频差。温度补偿晶体振荡器为 PLL 频率合成器提供参考频率源，它利用一个由热敏电阻网络和变容二极管构成补偿电路的石英晶振模块，所提供的频率精度可达到 $\pm0.25\times10^{-6}$，是移动电话中的一个重要部件。

天线作为移动电话的必不可少的关键元器件，其辐射效率、方向性、带宽和阻抗匹配等特性对通信质量将产生很大影响。在移动电话天线中，拉杆天线因其尺寸大已淡出市场。取而代之的是介质共振天线和微带天线等。介质共振天线的优点在于宽带和小型化，微带天线的优点则在于便于集成。片式微波陶瓷天线具有结构简单、易于加工、适于多频段工作、内置且易于集成等特点，为移动电话的不断小型化和天线内置提供了可能。

为了满足移动电话不断小型化的要求，还大量采用了片状电容、电阻、电感、晶体管等元器件。常用的片状电阻材料主要有炭膜、金属氧化物膜和热敏材料；由炭膜做成的片状电阻可用于一般电路，由金属氧化物膜做成的片状电阻用于基准电压电路、电源电路、锁相环路中，而由热敏材料做成的片状电阻则用于参考时钟和电池充电温度的检测电路中。常用的片状电容材料主要有电解质、云母和瓷介质三种类型。电解质电容容量较大，多用于电源滤波、交流旁路和隔直耦合；云母电容的静电容量小，频率特性好而且介电损耗小，常用于积分电路、有源滤波和高频振荡器；瓷介质电容则用于交流旁路和温度补偿电路。片状电感则包括线绕式、薄膜式和多层式等类型。齐纳二极管和变容二极管等片状二极管在 GSM 手机中使用较多，它们由 Si、Ge 等半导体材料、SiO_2、W、Au 等金属材料制成。

目前应用于移动电话的彩色显示屏主要有 STN-LCD、TFT-LCD 和 TFD-LCD(thin film diode，简称薄膜二极管) 等类型。此外，为了适应多功能化的需要，一些移动电话中还配备了快闪存储器、蓝牙、GPS 接收器和 CMOS 摄像等多种功能模块。

第7章 信息显示材料

信息显示材料主要是指用于各类显示器件的发光显示材料。随着人类步入信息社会，人们在社会活动和日常生活中随处可见各种显示设备，如电视图像显示、计算机屏幕显示、广告显示、电子数字手表、移动电话的字符和图形显示等。这些显示设备都是通过信息显示材料及其设备将不可见的电信号转化成可视的数字、文字、图形、图像信号的。

自 1897 年德国物理学家 K. F. Braun 发明阴极射线管（cathode ray tube，简称 CRT）以来，光电显示技术得到了不断的发展。相关发光材料、器件设计及制造技术的不断改进，使阴极射线管的性能越来越好，很快占据显示领域的主导地位。而 20 世纪 60 年代后，集成电路技术的发展使各种信息器件向小型化、轻量化、低功耗化和高密度化方向发展，作为电真空器件的阴极射线管具有体积大、笨重、工作电压高、辐射 X 射线等不可克服的缺点，限制了其向轻便化、高密度化、节能化方向发展。平板显示（flat panel display，简称 FPD）技术的出现，则顺应了信息技术的发展潮流，其中较为突出的是液晶显示（liquid crystal display，简称 LCD）技术的发展和应用。20 世纪 70 年代各种液晶手表、计算器走向实用，十余年后液晶电视机诞生，至今各种液晶显示屏已广泛应用于电脑、电视和各种信息设备中。与此同时，大量的新型平板显示技术，如等离子显示（plamsa display panel，简称 PDP）、场发射显示（field emission display，简称 FED）、电致发光（electro luminescence，简称 EL）、发光二极管等应运而生，形成了各具特点的光电显示材料及器件的大家族。光电显示技术的分类详见图 7-1。

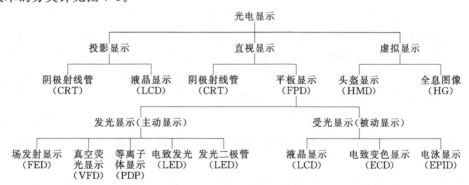

图 7-1 光电显示技术分类

显示材料是指把电信号转换成可见光信号的材料。从广义角度看，显示材料中也包括显示屏支撑材料——玻璃基板。间接材料有 CRT 的热阴极材料、FED 的微尖冷阴极材料、LCD 的取向材料、偏振膜等。显示材料分为发光材料和受光材料两大类。

物质发光过程有激励、能量传输、发光三个过程。激励方式主要有电子束激发、光激发、电场激发等。电子束激发材料有阴极射线发光材料、真空荧光材料（vacuum fluorescent display，简称 VFD)、场发射显示材料等；光激发材料有等离子体显示材料、荧光灯材料等；电场激发材料有电致发光材料、发光二极管材料（light emitting diode，简称 LED）等。无论采用什么方式激发，发光显示材料要辐射可见光。因此发光材料禁带宽度 E_g 应满足 $E_g \geqslant h\nu_{可见光}$ 条件，同时要考虑发光材料的发光特性、性能稳定性、易制备性与成本等问题。

受光显示材料是利用电场作用下材料光学性能的变化实现显示的，例如改变入射光的偏振状态、选择性光吸收、改变光散射态、产生光干涉等。液晶分子具有各向异性的物理性能和分子之间作用力微弱的特点，因此，在低电压和微小功率推动下会发生分子取向改变，并引起液晶光学性能的很大变化，从而达到信息显示的目的。

评价显示器件，要考虑其视感特性、物理特性及电学特性，以及制造难易程度和制造成本等，详见表 7-1。其关键参数主要有亮度、发光效率、对比度、电压、功耗、分辨率、灰度、寿命、视角、色彩、响应时间等。

表 7-1　各种光电显示器件性能

项　目	大屏幕	全色	视角	空间	分辨率	对比度	功耗	工作电压
CRT	△	◎	◎	×	○	○	△	△
LCD	△◎	◎	○	◎	◎	◎	◎	◎
PDP	◎	◎	◎	◎	○	○	△	○
FED	△	◎	◎	◎	◎	○	○	○
ELD	○	△	◎	◎	○	△	△	○
LED	◎	○	◎	◎	△	△	△	◎

注：◎—优，○—良，△—差，×—很差；LCD 的△◎指 LCD 直视显示大屏幕难，投影显示大屏幕容易。

亮度指显示器件的发光强度。它是指垂直于光束传播方向单位面积上的发光强度。一般显示器应有 $70cd/m^2$ 的亮度，而 CRT 显示器可达 $350cd/m^2$。

发光效率是指显示器件辐射出的单位能量所发出的光通量，它是衡量发光材料性能的非常重要的参数。

对比度表示显示部分的亮度和非显示部分的亮度之比。在室内照明条件下对比度达到 5∶1 时基本上满足显示要求，一般显示器应有 30∶1 的对比度。

显示器件分辨率高低有双重含义，即像元密度和器件包含的像元总数。前者为单位长度或单位面积内像元数量；后者为显示器件含有像元数量。CRT 分辨率达到 100～110ppi(每英寸像元数) 时，受电子束聚焦有限性和荧光粉颗粒及发光效率等因素的影响，再提高有难度。

灰度表示屏上亮度的等级。以亮度的 $2^{1/2}$ 倍的发光强度的变化划分等级。灰度越高，图像层次越分明，彩色显示中颜色更丰富，图像更柔和。

响应时间表示从施加电压到显示图像所需要的时间，而从切断电压到图像消失所需要的时间称为余辉时间。视频图像显示要求响应时间和余辉时间加起来小于 50ms 才能满足帧频的要求。

通常把发光显示器件初始亮度衰减一半所需时间称为半寿命，一般即指寿命。

显示颜色是衡量显示器件性能优劣的重要参数。发光显示以红光、绿光、蓝光三基色加法混合得到 CIE 色度图上任意颜色。显示颜色分为黑白、单色、多色、全色。目前 CRT、LCD 及 PDP 等显示器均可显示几百万种颜色，达到全色显示要求。

可视角度是指用户可以从不同的方向清晰地观察屏幕上所有内容的角度，目前通用的定义为对比度下降到 10∶1 时的视角值。在受光式被动显示中，观察角度不同，对比度不同。由于液晶分子具有光学各向异性，液晶分子长轴和短轴方向光吸收不同，因而引起对比度不同，因而在 LCD 中视角问题特别突出。而在发光式主动显示中几乎不存在视角问题，因为像元就是光辐射源，光空间分布是均匀的，视角大又均匀。

驱动显示器件所施加的电压为工作电压。工作电压与器件消耗电流的乘积为功耗。显示器件的驱动电路采用集成电路，因此，要求工作电压低、功耗少，并容易与集成电路相匹配。

7.1 阴极射线显示材料

7.1.1 阴极射线管的基本结构与工作原理

阴极射线管是 CRT 显示器的核心部件（图 7-2），它主要由以下四部分组成：圆锥形玻壳、玻壳正面用于显示的荧光屏、封入玻壳中发射电子束用的电子枪系统以及位于玻壳外控制电子束偏转扫描的磁轭。在电子枪中，阴极被灯丝间接加热，当加热至约 2000K 时，阴极便大量发射电子。电子束经加速、聚焦后轰击荧光屏上的荧光体，荧光体发出可见光。电子束的电流是受显示信号控制的，信号电压高，电子束的电流也越高，荧光体发光亮度也就越高。通过偏转磁轭控制电子束在荧光屏上扫描，就可将一幅图像或文字完整地显示在荧光屏上。彩色 CRT 荧光屏采用荫罩型结构，荧光屏上每一个像素由产生红（R）、绿（G）、蓝（B）基色的三种荧光体组成，同时电子枪中设有三个阴极，分别发射电子束轰击对应的荧光体。为了防止每个电子束轰击另外两种颜色的荧光体，在荧光面内侧设有选色电极——荫罩。

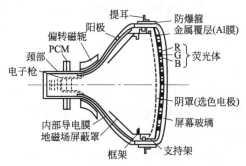

图 7-2　彩色 CRT 结构示意图

CRT 最大的优势是价格相对低廉，全色、视角、辉度、对比度等性能指标优良，但其缺点是体积庞大、笨重、驱动电压高、难以便携化，而且制成超大尺寸显示器很困难。

7.1.2 CRT 荧光粉材料

荧光屏是实现阴极射线管 CRT 电光转换的关键部件之一，一般荧光屏由玻璃基板、荧光粉层和金属覆层（铝膜）构成。显像管对荧光屏的要求主要有：足够高的发光亮度和发光效率；适合人眼观察的发光光谱；高的分辨率和好的调制传递函数；适当的余辉时间；牢固的机械强度；好的化学稳定性和热稳定性；足够长的使用寿命等。在阴极射线管中荧光粉层的质量，左右了显示器的性能优劣，因而拥有性能优良的荧光粉材料，是提高 CRT 质量的重要途径。

一些原子核外的电子在受到外来电子轰击时，会被激发到较高电子能级上，当这些激发态的电子回到基态能级时，将以辐射可见光的形式释放原来所获得的能量。这些在电子束轰击下会产生发光现象的物质称为荧光粉。

目前，阴极射线荧光粉有上百种。这些阴极射线发光材料具有高的发光效率和各种各样的发射光谱。其光谱包括可见光区、紫外区和红外区，余辉特性从 $10^{-8} \sim 10^{-7}$ s 的超短余辉到长至几秒甚至更长的极长余辉。它们可以在几千伏到几万伏的高压下被电子束轰击发光，也可以在几十伏的低电压放电子束轰击发光。

荧光粉由基质、激活剂和溶剂等构成。采用不同材料和不同的工艺制成的荧光粉，可以发出各种不同颜色的光。不同的荧光粉受到电子轰击后，发光持续的时间也是不同的。按余辉时间划分，荧光粉材料分为短余辉（<1ms）、中余辉（1~100ms）和长余辉（>100ms）三类，电视显像管中使用中余辉荧光粉。而按照荧光粉基质来分，又可分成氧化物荧光粉、硫化物荧光粉、硅酸盐荧光粉、钨酸盐荧光粉和稀土荧光粉等几类。

氧化物荧光粉中只有 ZnO 应用得较为广泛。如 Zn 激活 ZnO 荧光粉（ZnO∶Zn），发绿光，余辉时间只有为 $1.5\mu s$，常用于飞点扫描管中。

硫化物荧光粉中最典型的是 ZnS 和 CdS，通常用 Ag 和 Cu 作激活剂。这种荧光粉的优点是亮度高，通过改变激活剂的数量能够改变发光颜色，从而得到各种波长的可见光；同时通过改变激活剂的数量还可改变余辉时间（数微秒至 1s 多）。因此这类荧光粉应用最广，常用于示波管和电视显像管中。

硅酸盐荧光粉具有高度的稳定性，对杂质的污染不敏感，能承受较大的过热和电流。其典型代表是 $Zn_2SiO_4∶Mn^{2+}$，发黄绿光，可用于某些示波管中。

钨酸盐荧光粉与硅酸盐荧光粉一样，这种荧光粉性能较稳定，其典型代表是钨酸钙，发天蓝色的光。由于余辉较短（约几十微秒），常用于照相记录用的示波管之中。

利用稀土元素的化合物制成的稀土荧光粉应用也相当广泛，如彩色电视机中的红色荧光粉为 $Y_2O_3∶Eu$ 和 $Y_2O_2S∶Eu$，而 $YGdO_2S∶Tb$ 和 $Gd_2O_2S∶Tb$ 可承受较大的电流密度，并且亮度也较高，故常用于投影管。$Y_2SiO_5∶Ce$ 荧光粉的余辉时间只有 $0.08\mu s$，发黄绿光，可用于飞点扫描管中。这类荧光粉的优点是发光效率高，耐电子和离子的轰击。

除了基质以外，荧光粉中往往还含有少量杂质，根据作用性质的不同，这些杂质可分为激活剂、敏化剂、猝灭剂和惰性物质。

激活剂对某种特定的化合物起激活作用，使原来不发光或发光很微弱的材料发光，它是发光中心的主要组成部分。硫化物荧光粉的激活剂元素是 Cu、Ag、Mn 等，稀土荧光粉的激活剂有 Ce、Pr、Nd、Stn、Eu、Tb、Dy、Ho、Er、Tm 等。一种发光材料可以同时含两种激活剂。

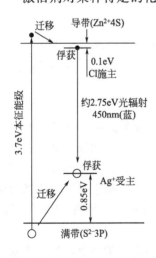

图 7-3　ZnS∶Ag，Cl 的复合
发光模型

共激活剂是与激活剂协同激活基质的杂质，如 ZnS∶Cu，Cl 和 ZnS∶Cu，Al 中的 Cl、Al 就是 Cu 的共激活剂。当 Cu^+ 替换 ZnS 中的 Zn^{2+} 时，Cl^- 和 Al^{3+} 都起电荷补偿作用，使 Cu 容易进入基质。

一般荧光粉基质的能带宽度 E_g 为 3~6eV，属高绝缘体，对可见光是透明的。如 ZnS 的 $E_g=3.7$eV，要使它在电子轰击下发出可见光，如蓝光（光子能量 2.7eV），则必须使 ZnS 掺杂，形成发光中心。被电子束激发的电子、空穴分别先被施主杂质和受主杂质所俘获，然后再复合发光，两杂质能级之间的能级差与所发射光子能量相同。图 7-3 即示出了 ZnS∶Ag，Cl

复合发光的模型，图中施主 Cl^- 与受主 Ag^+ 的能级差 $\Delta E = 2.75\text{eV}$，发蓝光。因此在同一种基质中掺入不同杂质就可发射不同波长的光，如 $ZnS:Ag$ 发蓝光，而 $ZnS:Cu$ 则发黄绿光。

对发光材料来说，某种杂质有助于激活剂引起的发光，使发光亮度增加，这类杂质叫敏化剂。敏化剂与共激活别的作用效果一样，但两者的作用原理不一样。如上转换材料 $YF_3:Yb$, Er 中 Yb 是敏化剂，Er 是激活剂，通过 Yb^{3+} 吸收激发能，把能量传给 Er^{3+} 发光。

猝灭剂是损害发光性能使发光亮度降低的杂质，又称毒化剂。如 Fe、Co、Ni 等就是典型代表。

惰性杂质是指对发光性能影响较小、对发光亮度和颜色不起直接作用的杂质，如碱金属、碱土金属、硅酸盐、硫酸盐和卤素等。

彩色显示器中的图像色彩是由红、绿、蓝三基色混合得到的。这三种基色在 CIE 色坐标图中构成一个三角形，如图 7-4 所示。红、绿、蓝三点越接近曲线边缘，颜色越纯，色饱和度越好。我国彩色电视的制式是 PAL 制，白场色温为 D_{6500}。三基色材料的色坐标必须适合 PAL 制的要求。同时在保证色坐标的前提下，每一单色荧光粉的发光效率要高。当激发红、绿、蓝三基色发光粉的三束电流比在显示白场时，要接近 $1:1:1$。CRT 典型荧光粉及其特性如表 7-2 所示。

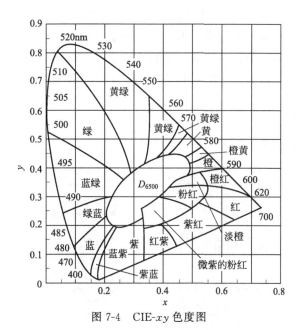

图 7-4　CIE-xy 色度图

表 7-2　CRT 典型荧光粉特性

组　分	发光色	主波长/nm	发光效率/(lm/W)	余辉时间[①]	用　途
$ZnS:Ag$	蓝	450	21	S	彩色 CRT
$ZnS:Cu,Al$	黄绿	530	17,23	S	彩色 CRT
$Y_2O_2S:Eu^{3+}$	红	626	13	M	彩色 CRT
$ZnS:Ag$	白	450		S	黑白 CRT
$Zn_2SiO_4:Mn^{2+}$	绿	525	8	M	示波管、雷达、投影管
$Y_3(Al,Ga)_5O_{12}:Tb^{3+}$	黄绿	544		M	投影管
$Y_2O_3:Eu^{3+}$	红	626	8.7	M	投影管
$Zn_2SiO_4:Mn^{2+}As$	绿	525		L	微机 CRT
$\gamma\text{-}Zn_3(PO_4):Mn^{2+}$	红	636	6.7	L	微机 CRT

① 余辉时间：S，$1\mu s \sim 1\text{ms}$；M，$1 \sim 30\text{ms}$；L，$30\text{ms} \sim 1\text{s}$。

7.2 液晶显示材料

所谓液晶（liquid crystal）是介于晶体和液体之间的中间态，具有晶体的各向异性和液体的流动性。液晶的流动性表明，液晶分子之间作用力是微弱的，要改变液晶分子取向排列所需外力很小，如在几伏电压和每平方厘米几微安电流密度下就可以改变向列液晶分子取向。同时，液晶分子结构决定了液晶具有较强的各向异性的物理性能，稍微改变液晶分子取向，就明显地改变液晶的光学和电学性能。上述特性使得液晶材料在信息显示上大有用武之地，且具有低电压、微功耗特点。

7.2.1 液晶分子结构和特性

液晶分子按几何形状可分为棒状分子、板状分子和碗状分子。棒状液晶分子可用于液晶显示，板状分子液晶应用于液晶显示器的光学补偿膜，而碗状分子液晶则尚未应用。

棒状液晶的分子量一般在 200～500 范围内，宽约几个埃，长数纳米，长宽比约 4～8。棒状液晶分子是由中心部和末端基团组成的。中心部是由刚性中心桥键连接苯环（或联苯环、环己烷、嘧啶环、醛环等）。中心桥键是双键、酯基、甲亚氨基、偶氮基、氧化偶氮基等功能团。这些功能团和苯环类组成 π 电子共轭体系，形成整个分子链不易弯曲的刚性体。末端基因有烷基、烷氧基、酯基、羧基、氰基、硝基、氨基等，末端基直链长度和极性基团的极性使液晶分子具有一定的几何形状和极性。中心部和末端基不同组合形成不同液晶相和不同物理特性。

液晶分子结构和分子之间相互作用不同，液晶分子取向排列也不同，可分三大类：即向列相、近晶相和胆甾相（图 7-5）。

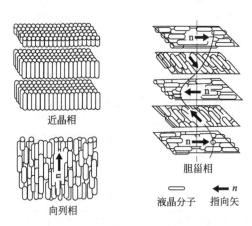

图 7-5 液晶相种类和分子排列

向列相液晶分子按分子长轴方向互相平行交错排列，分子可以转动、上下滑动，因此流动性较好，是用于显示的主要类型。

近晶相液晶分子按分子长轴方向互相平行、分层排列，分子只能在层内转动或滑动，不能在层间移动。

胆甾相液晶分子也分层排列，但长轴与层面平行，且每层分子的取向旋转一定角度。旋转 360°的层间距离称为螺距。胆甾相液晶有个有趣的特性，即其反射光波长与螺距有关，温度改变时液晶的螺距改变，其颜色也发生变化，可用于制作薄膜温度计。

液晶分子棒状结构的特性使其沿分子长轴方向光的折射率与垂直长轴方向光的折射率并不相等，液晶折射率上的各向异性产生入射光的双折射，导致入射偏振光的偏振状态和偏振方向发生变化。从电的角度讲，液晶分子中含有的极性基团，使分子具有极性。如果分子的偶极矩方向与分子长轴平行，这种液晶称为正性液晶。如果偶极矩方向与分子长轴垂直，则称为负性液晶。在电场的作用下，液晶分子偶极矩要按电场的方向取向，使分子原有的排列方式受到破坏，从而使液晶的光学性能变化，如原来是透光的则变成不透光，或者相反。这种因外加电场的作用导致液晶光学性能发生变化的现象称为液晶的电光效应。迄今已发现液晶的多种电光效应，如负性液晶的动态散射效应（dynamic scattering，简称 DS）、电控双折射效应（electrically controlled birefrigence，简称 ECB）、宾主效应（guest host effect，简称 GH）、正性液晶的扭曲效应（twisted nematic，简称 TN）及超扭曲效应（super twisted nematic，简称 STN）等。

7.2.2　液晶显示器的种类及原理

利用液晶材料的上述电光效应，人们相继开发出 DS-LCD、ECB-LCD、GH-LCD、TN-LCD、STN-LCD 等液晶显示器，不过目前在液晶显示中应用最广泛的属利用向列相液晶的扭曲效应和超扭曲效应开发的 TN-LCD、STN-LCD 以及薄膜晶体管液晶显示器（thin film transistor LCD，简称 TFT-LCD）。

扭曲向列型液晶显示器（TN-LCD）的原理如图 7-6 所示，在两块导电玻璃基片之间充入厚约 $10\mu m$ 具有正介电各向异性的向列相液晶（N_p 液晶），液晶分子沿面排列，但利用涂覆在两块玻璃基片表面的取向相互垂直的取向膜使液晶分子长轴在上下两基片之间连续扭曲 90°，形成扭曲（TN）排列的液晶盒。当线偏振光经过液晶层时，对于 N_p 向列相液晶，分子长轴方向的折射率大，因此入射光将随分子长轴转过 90° 后从液晶层出射，产生旋光作用。此时，如果夹持液晶盒的上、下偏振片的偏振方向互相垂直，则 TN 液晶盒可以透光 [图 7-6(a)]。

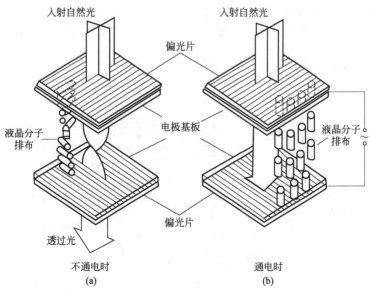

图 7-6　扭曲向列型液晶显示器原理

如果在 TN 液晶盒上加以电压并超过阈值 V_{th} 后，N_p 型液晶分子长轴将开始沿电场倾斜；当电压达到 $2V_{th}$ 时，除电极表面分子外所有液晶盒两电极之间的液晶分子都变成沿电场方向排列，此时 TN 液晶盒的 90°旋光性能消失，则相互正交的两偏振片之间的液晶盒失去透光作用 [图 7-6(b)]。因此通过矩阵型电极控制 TN-LCD 各像素单元的光开关作用，即可以实现图像的显示。

液晶显示器的显示方式有反射式、透射式和投影式三种。

反射式 LCD 可以利用外光，节省功率，此时入射光首先穿过 TN 液晶盒，然后被反射器所反射。反射器由一个漫反射器和一个镜面组成，它们黏附在底玻璃基片外表面上。在不加电时，入射偏振光经液晶盒偏转 90°而正好可通过下偏振片到达反射器，反射回来的光偏振性没有改变，又再次通过液晶盒和上偏振片到达人眼（图 7-7）。而加上足够高度电压后，液晶分子取向与电场平行，入射偏振光则不能透过下偏振片达到反射器。

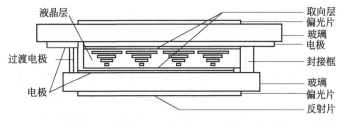

图 7-7　反射式 TN-LCD 结构示意图

透射式 LCD 则利用夹在相互正交的上、下偏振片之间的 TN 液晶盒，通过外电场的施加与否控制液晶盒的光透过性能，从而达到图像显示的目的。如目前广泛使用的计算机液晶显示器和液晶电视就是利用背光灯与液晶盒的组合实现视频显示。

投影式 LCD 则应用于投影仪中，其核心部件为 LCD 液晶盒，对投射光源起调制作用，故亦称液晶光阀。投影式 LCD 主要分为液晶板投影仪和液晶光阀投影仪两类。液晶板投影仪成像器件为液晶板，利用外光源产生光线，通过滤光片和分光镜分为红、绿、蓝三原色并被分别反射到相应的液晶盒上，通过电路板驱动控制液晶盒上各像素点有序开闭，产生了图像，并通过每路原色光的调校产生丰富的色彩，最后三路光线最终汇聚在一起由镜头投射出去。原理如图 7-8 所示。液晶光阀投影仪则采用 CRT 管和液晶光阀作为成像器件，是 CRT

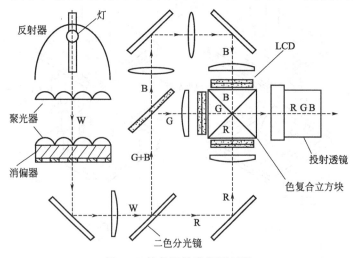

图 7-8　液晶板投影仪原理图

投影仪与液晶光阀相结合的产物，它是目前为止亮度、分辨率最高的投影机。

电光特性是 TN-LCD 的重要特性指标，用以反映液晶显示器在阈值电压、饱和电压及各种工作电压下的显示对比度。图 7-9 为 TN-LCD 的电光特性曲线示意图，电光曲线在阈值电压以上的陡度决定了显示器件的多路驱动方式和灰度性能。TN-LCD 的电光特性曲线不陡，阈值特性很不明显，这给多路驱动带来了困难，在大信息量、视频信息显示上受到限制，一般只适用静态驱动，且电光响应速度慢（100ms 左右）、图像对比度不理想，因此只能作为低档显示器使用。而如果把 TN 液晶器件的液晶分子扭曲角加大，就可改善其电光特性的陡度，提高显示质量。通常把扭曲角大于 90°（一般

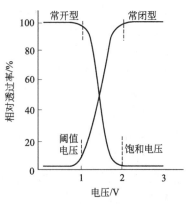

图 7-9　TN-LCD 的电光特性

在 180°～360°）的液晶显示器称为超扭曲向列液晶显示器（STN-LCD）。这类显示器的扫描线数大大增加（理论上可达 1000 线），而且对比度和视角比 TN-LCD 明显改善，目前在计算机、传真机、电子词典和游戏机等电子设备中作为中档显示器使用。

不过 STN-LCD 的响应速度仍较慢、灰度调节较困难，因而还不能用于显示运动图像。为了解决这个问题，人们又发明了有源矩阵液晶显示，目前工艺技术比较成熟并已经形成大批量生产的是非晶硅薄膜晶体管型液晶显示（α-Si TFT-LCD）。TFT-LCD 的特点是在每个像素上配置一个开关器件（三极管），使每个像素的寻址完全独立，从而消除了像素之间的交叉串扰，从原理上说分时扫描电极数目不再受到限制，能实现几乎 100％占空比的静态驱动，并能把每个像素上的信号保持一帧的时间，因而确保了高显示质量，即使增加扫描线数也不会出现视角和对比度变差等问题，此外还能进行灰度调节。近年来 TFT-LCD 型液晶显示器件尤其是彩色液晶显示器件已经广泛用于计算机终端显示、电视机以及一些军用仪器仪表等领域。

7.2.3　显示用液晶的种类

目前，液晶显示技术已经得到了广泛的应用，但与传统的 CRT 显示技术相比，液晶显示器的对比度、响应速度等仍有不断提高的必要，而液晶显示器性能的提升与液晶显示材料的性能密切相关。同时不同种类的液晶显示器件的制作要求选用不同品种的液晶材料，不同的显示方式对液晶材料的物理、化学特性的要求也各不相同。为了满足显示的要求，人们已经合成了以下几种主要类型的单体液晶。

（1）联苯类液晶　联苯类液晶分子中没有连接基团，因而黏度较低，常光与非常光的折射率差 Δn 也较大，在扭曲向列液晶显示中得到了广泛的应用。此外，在调制超扭曲向列液晶显示用混合液晶时也可以添加少量该类液晶以调节混合液晶的 Δn。

（2）苯基环己烷类液晶　苯基环己烷类液晶中的环己烷环为反式构型，这类液晶的黏度比联苯类液晶的黏度低，Δn 和液晶长轴与短轴方向的介电常数差 $\Delta \varepsilon$ 相对较小。三环和四环结构的苯基环己烷类液晶具有较高的清亮点，介晶相温度范围也较宽，常用来提高混合液晶的清亮点。苯基环己烷类液晶可用来改善混合液晶的低温性能即降低黏度，在宽温液晶中有较多的应用。此外，该类液晶也是超扭曲向列液晶显示用混合液晶的主要成分之一。

（3）乙烷类液晶　乙烷类液晶分子中含有—CH_2CH_2—连接基团，该类液晶黏度较低，Δn 和 $\Delta \varepsilon$ 也较小，尤其是三环体系的乙烷类液晶有较大的使用价值。这类液晶的 Δn 随温度

的变化率较小，是超扭曲向列液晶显示用混合液晶的主要成分之一。乙烷类的多氟液晶则是薄膜晶体管液晶显示用混合液晶的主要成分之一，它具有黏度低、Δn 和 $\Delta \varepsilon$ 适中、电阻率高以及电荷保持率高等特点。

（4）炔类液晶　炔类液晶分子中含有一个或一个以上的碳碳三键，其 Δn 可高达 0.45，在以非极性液晶材料为主体的混合液晶中，由于 Δn 小，可以添加该类液晶以增大混合液晶的 Δn，以满足显示的需要，它也是超扭曲向列液晶显示用混合液晶的一种添加剂。

（5）含氟类液晶　由于含氟类液晶具有低黏度、适中的 $\Delta \varepsilon$、高电阻率、高电荷保持率等特点，其用途日益广泛，尤其是多氟液晶化合物是超扭曲向列液晶显示和薄膜晶体管液晶显示用混合液晶的主要成分，这些液晶分子中大多含有二环或三环体系，其中至少有一个环是饱和的环己烷环。从应用角度看，不希望在该类液晶分子中存在着—COO—和碳碳三键等增大液晶黏度的连接基团，—CH$_2$CH$_2$—常常被用作连接基团以改善液晶分子的性能。—CF$_3$—、—OCF$_3$—、—OCHF$_2$—以及 3-,4-二氟等多氟基团一般连接在分子末端的苯环上。此外，侧向含有二个氟原子的液晶是目前主要的负 $\Delta \varepsilon$ 的液晶材料，这些液晶的黏度与其主体液晶的黏度相差不大，能够有效地调节混合液晶的 $\Delta \varepsilon / \varepsilon_\perp$ 以及用于需要 $\Delta \varepsilon$ 为负的液晶显示中。

（6）嘧啶类液晶　嘧啶类液晶分子中含有嘧啶环，该类液晶的 Δn 较大，黏度也较大，用这类液晶调制的混合液晶的 Δn 较大（一般大于 0.2）。在调制超扭曲向列液晶显示用混合液晶时，常常加入少量该类液晶以调节混合液晶体系的 Δn。

在各种液晶显示器件的开发过程中，单用某种单体液晶是无法达到性能指标要求的，因此实际使用的液晶通常是多种成分液晶的组合。这些混合液晶不是组成的各种单体液晶性能的简单叠加，而是会产生单体液晶所不能实现的某些性能。因而混合液晶的研究是新型液晶材料开发的一个重要内容。

7.2.4　液晶显示器中的其他材料

液晶显示器制作时采用平板玻璃作为基板，玻璃基板要求光滑平整、无缺陷，同时能够承受液晶板制作时所需的 600℃高温不变形。此外，玻璃中钠含量要低，以免引起液晶显示性能的退化。TN-LCD 和 STN-LCD 器件制造工艺的最高温度为 450℃，可以使用碱石灰玻璃。而多晶硅 TFT-LCD 制作工艺的最高温度达 650℃，而且玻璃中碱金属离子对 TFT 的影响很大，故需采用无碱玻璃、硼硅玻璃、石英玻璃等。LCD 玻璃板厚度有 1.1mm、0.7mm、0.5mm 和 0.4mm 等，笔记本电脑 LCD 玻璃板厚度一般为 0.7mm，移动电话 LCD 玻璃板厚度一般为 0.4mm 和 0.5mm，有时用塑料膜取代玻璃板。

液晶盒的制作过程中需要在玻璃基板上涂敷铟锡氧化物（indium tin oxide，简称 ITO）制成透明导电膜玻璃（ITO 玻璃）。ITO 透明导电膜是一种含氧空位的 N 型氧化物半导体材料，其电阻率和透过率与氧化铟中锡含量、氧空位浓度及膜厚度有关。ITO 玻璃是所有平板显示共用的基板材料。因各种显示器件制造工艺、热处理、加工条件及器件性能等不同，对玻璃基板材料、表面平整度、热和机械性能等要求不同。制作 ITO 膜方法有蒸镀法、溅射法、高温熔胶膜法及浸渍烧结法，其中工业生产大量使用溅射法。

液晶盒内与液晶接触的一层薄膜称为取向膜，它可以使液晶分子定向排列，并形成扭曲排列的 TN 液晶盒。最常用的高分子取向膜为聚酰亚胺，将聚酰亚胺涂覆在基片表面，在250～300℃下形成薄膜；以摩擦方式在聚酰亚胺膜表面磨出沟槽，则可以使液晶分子定向排列，以达到显示目的。

TN-LCD（如图 7-9）、STN-LCD 等均是调制偏振光的显示器，因此偏振膜是不可缺少的材料。偏振膜利用双色性、双折射、反射和散射等光学性质中的某一种制成，液晶显示用偏振膜是利用高分子膜双色性制作的。聚乙烯醇（PVA）是一种线性高分子聚合物，用湿式延伸法均匀拉伸 PVA 膜，使 PVA 分子按延伸方向排列，同时吸附碘化物或染料，可得偏振基片。

7.3　等离子体显示材料

等离子体显示器（plasma display panel，简称 PDP）是利用惰性气体在一定电压的作用下产生气体放电，形成等离子体，而直接发射可见光，或者发射真空紫外线进而激发光致发光荧光物而发射可见光的一种主动发光型平板显示器件。PDP 视角大、亮度高、响应快、寿命长，特别适用于大屏幕显示，是一种性能卓越的平板显示器。

7.3.1　气体放电机理

在装于一对平板电极之间的充气二极管内充入惰性气体（如 Ne＋0.1％Ar）后，将二电极接入电路，从零开始增加电源电压，然后减小限流电阻，即得到如图 7-10 的伏安特性曲线。按放电形式的不同，曲线可划分为不同的部分。当电压从零增加时，因宇宙射线、放射性等外界因素的催离作用，电流随之增加并趋于饱和。达到 C 点后气体被击穿，变成不稳定的自持放电，并开始发光，此时的电压称为着火电压 V_f。与此同时电压迅速下降，经负阻区 DE 迅速到达稳定的自持放电区 EF。EF 区称为正常辉光放电区，相应的电压为维持电压 V_s。进一步增高电压，放电就进入异常辉光放电和弧光放电区域，这些区域的放电电流较大，产生强烈的阴极溅射，且不易控制。因此实用的 PDP 都工作在正常辉光放电区，该区域内放电稳定，放电电流较小、功耗小，并且有足够的亮度。

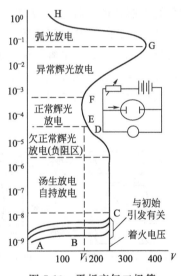

图 7-10　平板充气二极管的伏安特性

气体放电是气体中带电粒子不断增殖的过程，在电场的作用下由外界催离作用产生、或前一次放电残留下来的原始电子在向阳极飞行的过程中，从外电场得到能量而加速，至动能超过气体分子的电离能时，碰撞中性的气体原子，使其电离并使自由电子增殖。如在电场作用下的加速电子（21.6eV 以上）与中性 Ne 原子碰撞，离化生成正离子和电子。

$$Ne + e^- \longrightarrow Ne^+ + 2e^- \tag{7-1}$$

与此同时，能量为 16.6～21.6eV 的加速电子则激发中性 Ne 原子，生成的亚稳态 Ne^m 原子，并由 $2P_1$ 能级跃迁回 $1S_2$ 能级，通过发射光子（582nm 的橙红色光）以释放能量。

$$Ne + e^- \longrightarrow Ne^m + e^- \tag{7-2}$$

$$Ne^m \longrightarrow Ne + h\nu \tag{7-3}$$

若在气体 Ne 中掺入少量杂质气体 Ar，如果杂质气体的电离能小于给定气体的亚稳能级，则处于亚稳态能级的 Ne^m 原子会离化 Xe 原子，从而使混合气体的着火电压低于单一 Ne 气体的着火电压，这种现象称为潘宁（Penning）效应。在等离子体显示器中，常用潘宁效应来降低着火电压（即工作电压），如在 Ne 气中掺 Ar，在 He 气中掺 Xe 等。

$$Ne^m + Ar \longrightarrow Ne + Ar^+ + e^- \tag{7-4}$$

离化过程中产生的每一个电子撞击原子后会形成二个电子和一个离子，而产生的电子又进一步离化其他原子，如此反复形成雪崩过程，直至产生的紫外光子激发荧光粉发出足够亮的光。

$$Ne + e^- \longrightarrow Ne^+ + 2e^- \tag{7-5}$$

在气体放电过程中初始自由电子是必不可少的。为了产生稳定可靠的放电，在实际的器件中常设有专门的结构提供稳定的初电子来源，称为引火装置。

7.3.2 等离子体显示器原理

等离子体显示器按照显示颜色质量来分，可分为单色 PDP 和彩色 PDP 两类；而如按驱动方式来分，则可分为交流（AC-PDP）和直流（DC-PDP）两种。

单色 PDP 是利用 Ne-Ar 混合气体在一定电压作用下产生气体放电，直接发射出 582nm 橙色光而制作的平板显示器件，按其工作方式，可分为交流和直流两种，其单元结构如图 7-11 所示。DC-PDP 由于无固有的存储特性，靠刷新的方式工作，因此亮度比较低，目前不大流行。AC-PDP 用电容限流，其电极通过介质薄层以电容的形式耦合到气隙上，因此只能工作在交流状态；它无电极溅射的问题，寿命很长。AC-PDP 有固有的存储特性，因此亮度可以做得很高，是目前等离子体显示技术的主要发展方向。

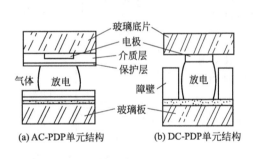

图 7-11 PDP 单元结构

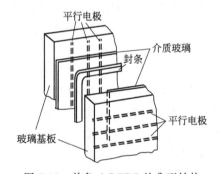

图 7-12 单色 AC-PDP 的典型结构

实际的单色 AC-PDP 的典型结构如图 7-12 所示，它是由上下二块平板玻璃封接而成。基板内表面分别用溅射法制作金属薄膜，然后用光刻法制作一组相互平行的金属电极，再用厚膜印刷或真空蒸发法在电极下覆盖一层透明介质层（如玻璃介质或 SiO_2），然后在其表面再制作一层很薄的 MgO 保护层。该薄层具有较高的二次发射系数，既可降低器件的工作电压，又可耐离子的轰击，提高器件的工作寿命。将二块基板以电极呈空间正交相对而置，中间填以隔子形成约 $100\mu m$ 左右的均匀间隙，四周用低熔点玻璃封条进行封接，排气后充入一定压强的 Ne-Ar 混合气体，即成显示器件。

AC-PDP 工作时，所有行、列电极之间都加上交变的维持电压脉冲 V_s，其幅值不足以引燃单元放电，但能维持已有的放电，此时各行、列电极交点形成的像素均未放电发光。如果在被选单元相对应的一对电极间叠加一个书写脉冲，如图 7-13 所示，其幅值超过着火电压 V_f，则该单元产生放电而发光，放电所产生的电子和正离子在电场的作用下分别向瞬时阳极和瞬时阴极运动，并积累于各自的介质表面成为壁电荷，壁电荷产生的电场与外加电场方向相反，经几百纳秒后其合成电场已不足以维持放电，放电终止。发光时间呈一光脉冲。维持电压转至下半周期时极性相反，外加电场与上次壁电荷所产生的电场变为同向叠加，不必再加书写脉冲，靠维持电压脉冲就可引起再次放电，亦即只要加入一个书写脉冲，就可使单元从熄火转入放电，并继续维持下去。如要停止已放电单元的放电，可在维持脉冲之前加入一个擦除脉冲，它产生一个弱放电，抵消原来存在介质表面的电荷，却不产生足够的新的壁电荷，维持电压倒向后没有足够的壁电荷电场与之相加，放电就不能继续发生，转入熄火状态。所以，AC-PDP 的像素在书写脉冲和擦除脉冲的作用下分别进入放电和熄火状态以后，仅在维持脉冲的作用下就能保持原有的放电和熄火状态，直到下次改写的脉冲到来为止，不必像 CRT 那样每帧必须予以刷新，这就是 AC-PDP 固有的"记忆"或"存储"特性。

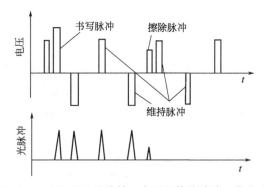

图 7-13　AC-PDP 的维持、书写和擦除脉冲工作方式

彩色 PDP 是利用 He-Xe 混合气体放电时产生的 147nm 真空紫外线（VUV）激发相应的三基色光致发光荧光粉，使其发出可见光而实现显示的。

目前实用化的彩色 PDP 主要有表面放电式、对向放电式和脉冲放电式三种。

对向放电式彩色 AC-PDP 的结构与单色 AC-PDP 基本相同，选址和维持也都用同一对电极，但前者在其中一块玻璃基板的 MgO 保护层上涂覆了荧光粉。这种结构的主要缺点是荧光粉会因正离子的轰击而损伤或分解，导致发光亮度下降，故寿命较短。为解决这个问题，人们在荧光颗粒外面包上一层耐离子轰击的包膜。同时涂有荧光粉的每个单元周围都设有一定高度的条状障壁，切断 VUV 向附近单元的传播。

表面放电式彩色 AC-PDP 又称为单基板结构 AC-PDP，是彩色 PDP 的主流。其特点是，单元的选址电极和荧光粉层制作在一块基板上，两个维持电极则在另一块基板上。因此上、下两块基板之间仅在选址瞬间放电，而在占一帧工作时间大部分的维持工作状态期间，放电仅在有两条维持电极的那块基板表面进行。因此荧光粉层大部分时间不接触气体放电的等离子区域，从而大大延长了器件的寿命，长达 3 万小时。结构图如图 7-14 所示，这种结构中的荧光粉不需包膜，显示器件发光效率高，亮度也高。

脉冲放电式彩色 AC-PDP 因结构复杂、对位精度要求高而且发光效率和亮度不高，因此使用产品不多。

彩色 PDP 由于以惰性气体为工作媒质，可以在 −55～70℃ 的宽温范围内稳定工作，而

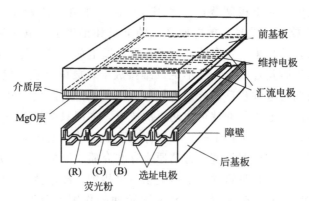

图 7-14　表面放电式彩色 AC-PDP 的结构

且体积小、便于携带，因而在军事领域首先得到应用。而在民用市场上，目前在大屏幕平板显示器市场上占有重要地位。

7.3.3　PDP 材料

PDP 气体材料有 He、Ne、Ar、Kr、Xe 以及 Hg 蒸气等。AC-PDP 用 Ne 气，DC-PDP 用 Ne、Ar、Hg 混合气体。彩色 PDP 用 He-Xe（2%）或 Ar-Hg 混合气体。前者 Xe 辐射 147nm 紫外光，后者 Hg 辐射 253.7nm 紫外光。这些紫外光激发红、绿、蓝三基色荧光粉。Ne 气体放电辐射橙色光，因此其显示是单色的。在单色 PDP 中掺入 Ar 气或 Hg，可降低工作电压。

彩色 PDP 要求其使用的荧光粉在真空紫外区高效发光、三基色荧光粉具有鲜明的色彩度并能混合得到白光、余辉时间短等。通常彩色 PDP 用 N-Xe 混合气体，激发波长为 147nm，则 PDP 三基色荧光粉应具有远紫外光且发光效率高，同时在紫外光辐照和气体放出离子条件下具有稳定性。因而宜采用抗紫外的高效氧化物荧光材料。表 7-3 中列出了一些常用的彩色 PDP 三基色氧化物荧光粉，其中 Zn_2SiO_4：Mn 由于余辉时间略长，大多已被 $BaAl_{12}O_{19}$：Mn 代替。

表 7-3　彩色 PDP 常用三基色荧光粉

荧　光　粉	颜　色	色　度　坐　标		相　对　效　率
		U	V	
$(Y,Gd)BO_3$：Eu	红	0.44	0.36	1.2
Zn_2SiO_4：Mn	绿	0.07	0.38	1.0
$BaAl_{12}O_{19}$：Mn		0.05	0.38	1.1
$BaMgAl_{14}O_{23}$：Eu	蓝	0.15	0.14	1.6

PDP 是由两块玻璃基板夹着惰性气体和三基色荧光粉构成的。PDP 屏幕尺寸大，又加上制造过程中玻璃基板要经过一系列的厚膜印刷和高温烧结，因此对玻璃基板要求高。通常烧结温度在 450～600℃之间，封接温度为 380～400℃，排气最高温度为 350℃。如烧结温度高于基板玻璃应变点，会导致玻璃基板产生弯曲、不规则形变和热收缩，致使 PDP 中个别像元错位。当前，PDP 主要使用日本旭硝子公司的 PD200 玻璃和美国康宁公司的 CS25 玻璃，其性能如表 7-4 所示。

表 7-4　**PDP 基板玻璃与普通钠钙玻璃性能比较**

性能参数	PDP 基板玻璃		钠钙玻璃
	PD200	CS25	
热膨胀系数/(1/K)	83×10^{-7}	84×10^{-7}	85×10^{-7}
应变点/℃	570	610	511
退火点/℃	620	654	554
软化点/℃	830	848	735
密度/(g/cm³)	2.77	2.88	2.49

7.4　场致发射显示材料

场致发射显示器（field emission display，简称 FED）是利用电场发射型的冷电子源的自发光型平板显示器。它是显示技术与真空微电子技术相结合的产物，是发光原理最接近 CRT 的一种平板显示器。

7.4.1　场致发射显示器原理及结构

所有的物体里都含有大量的电子，但这些电子在常态下所具有的能量不足以逸出物体。场致发射又称为冷电子发射，是依靠很强的外部电场抑制物体表面势垒，使势垒的高度降低，并使势垒的宽度变窄。当势垒的宽度窄到可以同电子波长相比拟时，电子由于其隧道效应穿透势垒进入真空。场致发射是电子发射的一种非常有效的方式，可以提供高达 10^7 A/cm² 以上的发射电流，且没有发射的时间迟滞。Fowler-Nordhelm 借用量子力学观点及考虑了电子的波动性后，解释了场致发射的现象，并给出了场致电子发射的计算公式：

$$I = \frac{1.54 \times 10^{-6} (\beta U)^2}{\Phi} \exp \left[-6.87 \times 10^7 (\Phi^{\frac{3}{2}} / \beta U) \right] \tag{7-6}$$

式中，U 为外加电压；Φ 为材料表面逸出功；β 为发射阴极的几何因子。

由式(7-6)可知，为了得到足够大的发射电流，可以通过加大阴极的工作电压、寻求低表面逸出功的发射材料来实现，也可改变阴极的几何形状以增大几何因子，如小曲率半径的金属锥尖可以获得很高的发射电流密度。

FED 的基本构造如图 7-15 所示，在一片玻璃基板上形成许多冷电子源发射体，这些发射体由具有锐利尖端的金属（或硅）圆锥以及形成包围圆锥的电极（称为栅极或提取电极）组成，其中金属（或硅）圆锥在玻璃基板上排列形成微尖阵列（field emission array）。微尖阵列与另一片涂覆荧光粉层和 ITO 透明电极膜的玻璃基板之间，以数百微米的间隙相对安置。在微尖阵列（阴极）与栅极之间加以门限（一般几十伏）以上的电压，就可在微尖发射体的尖端形成 10^7 V/cm 以上的强电场。强电场的产生导致电场发射现象，使微尖尖端沿法线方向向真空发射大量电子，这种因来自外部的强电场使电子从固体发射到真空的现象称为场致发射。

在 FED 的矩阵驱动中，将栅极与阴极加工成互相平行的条纹状，在这些电极加上正的行扫描信号 V_g 与负的图像信号 V_c，如设定上述两个信号电压比阴极发射门限电压低，而两个电压之和比门限电压高。这时在栅极与阴极交点形成的发射体上 V_g 和 V_c 共同作用而引起电子发射，使对面的荧光粉发光。因此，FED 的结构基本是由微尖阵列发射体、荧光粉

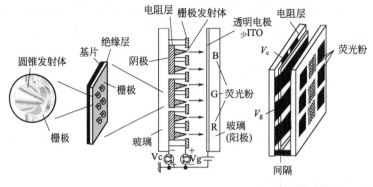

图 7-15　FED 的基本构造

等构成，其发光原理为利用电子束照射荧光粉而使之激励发光，与 CRT 相同。不过作为 FED 电子源的微尖发射体是随每一个像素独立形成，由矩阵驱动。因而不必像 CRT 那样需进行电子束广角度扫描，故能实现薄平板显示。

从表 7-5 中的性能比较可以看到，FED 具有 CRT 的高图像质量，又能实现超薄和大面积显示，其发光效率、亮度、视角、功耗与 LCD 及 PDP 相当。同时 FED 还具有分辨率高、对比度好、响应速度快、耐严酷高低温、抗振动冲击等优点，因而最先在军事领域得到大量的应用，如军用热像显示、头盔显示，以及坦克和军用飞机上的显示设备等。而随着 FED 技术的不断发展，也逐渐开始进入民用市场。

表 7-5　平板显示器性能比较

特　性	LCD	PDP	FED	特　性	LCD	PDP	FED
视角/(°)	±60	±80	±80	功耗/W	3	200	2
亮度/(cd/m²)	200	400	>600	像素点	1024×768	852×480	640×480
响应时间	30～60ms	1～10ms	10～30μs	工作温度/℃	0～50	−20～55	−45～85
对比度	>100:1	100:1	100:1	平板厚度/mm	8	75～100	10
发光效率/(lm/W)	3～4	1	15～20	尺寸/cm	26.4	107.6	26.4

7.4.2　FED 冷阴极材料

场致发射冷阴极决定着 FED 的寿命和质量，冷阴极材料应满足材料的成本低、功函数小、发射稳定性和可靠性好等要求。

金属微尖阵列是场致发射材料中研究最早的、也是目前应用最广的场致发射材料，主要有钨、钼、钽等，它们的逸出功分别为 4.52eV、4.5eV 和 4.13eV。制作工艺大多采用真空镀膜和光刻或化学电解腐蚀法，作出曲率半径在几十至几百纳米的场发射尖端阴极。由于金属微尖阵列制作步骤较复杂，且金属有较高的逸出功，因而人们又开始寻找其他场致发射材料。

采用刻蚀和热氧化法制作的多晶硅微尖也使一种性能优良的场致发射阴极材料。用等离子体氧化法可获得 80nm 的硅微尖阵列发射体，并获得较大的发射电流。为了提高其发射的稳定性和可靠性，人们又在硅尖表面上敷上 TiN 和 C-BN（cube boron nitride）膜来改善其特性。与此同时，多孔硅、砷化镓、氮化镓等半导体场致发射阴极材料也引起人们关注。

金刚石薄膜与类金刚石薄膜具有负电子亲和势，作为场致发射阴极非常合适，一般金属材料如需获得冷发射，其表面的场强需达到 $10^7\,V/cm$，而金刚石薄膜只需 $10\sim100kV/cm$ 即可获得发射电流，而掺杂的金刚石还可获得更低的发射阈值。如采用微波等离体子沉淀法（MPCVD）在硅片上沉积的纳米晶体金刚石膜具有良好的发射表面。金刚石具有优良的导热性、稳定的化学性质和良好力学性能，但需要在较高温度下（900℃）才能成膜，且难于大面积均匀成膜。而类金刚石薄膜可在室温下制备，而且对衬底没有太多的限制。类金刚石较容易形成大面积的薄膜，同时发射电流更稳定，这使得人们近年来对类金刚石薄膜场致发射研究倾注了极大的热情。

纳米材料被认为是 21 世纪最迷人、最具前途的一类材料。碳纳米管导电性强、机械强度高（其强度为钢的 $100\sim1000$ 倍）、化学稳定性好，兼具金属性和半导体性，主要的导电电子具有较小的电子亲和势、很低的开启场强，易于实现场致发射，所以研究碳纳米管薄膜用于场致发射是微电子学很有潜力的研究方向之一，近年来这方面对研究大为增加。

7.4.3　FED 用荧光粉材料

FED 与 CRT 技术中均使用电子束激发的荧光粉材料，但它们加速电子束的电压不同。CRT 的加速电压为 $15\sim30kV$，FED 为 $0.3\sim8kV$。CRT 技术采用逐点扫描方式，寻址时间短，约为纳秒量级；而 FED 采用矩阵式逐行扫描方式，寻址时间为几十微秒。因而 FED 大电流并长时间寻址，会使荧光粉库仑负载很大，荧光粉容易发光饱和并老化。

如表 7-6 所示，能满足 FED 工作条件的发光粉有 $ZnO:Zn$、$ZnGa_2O_4$（蓝粉）、$ZnGa_2O_4:Mn$（绿粉）、$Gd_2O_2S:Tb$（绿粉）和 $Y_2O_2S:Eu$（红粉），但这些粉的亮度偏低。而 $Y_2O_3:Eu^{3+}$ 是发光性能最好的材料，但电流密度由 $10mA/cm^2$ 增至 $100mA/cm^2$ 时，发光效率降低 60%，因而继续开发新型荧光粉是 FED 产业的一项重要任务。

表 7-6　FED 常用荧光粉

种　　类	蓝　色	绿　色	红　色
单色荧光粉		$ZnO:Zn$	
较成熟的荧光粉	$ZnS:Ag,Cl$ $Zn_2SiO_4:Ti$ $Y_2SiO_4:Ce$	$ZnS:Cu,Au,Al$ $Zn_2SiO_4:Mn$ $Y_2SiO_4:Tb$	$Y_2O_2S:Eu$ $Y_2O_3:Eu$
处于研究阶段的荧光粉	$SrGa_2S_4:Ce$ $YNbO_4:Bi$	$SrGa_2S_4:Eu$ $ZnGa_2O_4:Mn$ $Zn_3Ta_2O_8:Mn$	$CaTiO_3:Pr$

7.5　电致发光显示材料

电致发光（electroluminescence，简称 EL）是一种直接把电能转化为光能的物理现象。按发光机理可分为低场型电致发光和高场型电致发光两类。低场型电致发光一般是指在Ⅲ-Ⅴ族化合物的 PN 结上注入少数载流子，因产生复合而引起的发光；发光二极管即属于这种发光类型。高场型电致发光则是一种高场非结型器件的发光，其材料是Ⅱ-Ⅵ族化合物。

高场型电致发光现象是 1936 年由法国的 Destriau 发现的，日本利用半导体技术制作成高亮度的高场型电致发光薄膜器件，奠定了现代 EL 平板显示技术的基础。目前橙黄色单色 EL 器和多色器件已经批量生产，但由于蓝色发光材料尚未完全过关，彩色 EL 器件仍处于研制阶段。

高场型电致发光器件按结构又可分为薄膜型和粉末型两种。交流薄膜型 EL 可用作矩阵显示，其亮度高、对比度大、响应速度快、视角宽、工作温度宽，是目前 EL 技术发展的主要方面。交流粉末型 EL 则用作 LED 等的平面光源。

7.5.1 交流薄膜电致发光显示材料

典型的交流薄膜电致发光显示器（AC thin film electroluminescent device，简称 ACT-FELD）结构与等效电路如图 7-16 所示。在低碱硼硅酸盐玻璃基板上制作 ITO 透明电极，在其上按顺序制作介质层（I）、发光层（S）、介质层（I）夹心结构薄膜，顶部是与列电极正交的铝行电极。为了防止大气中水汽对器件的影响，其上还用环氧树脂封合一带凹槽的后盖玻璃，隙内充以硅油。

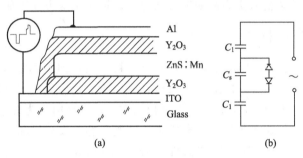

图 7-16　ACTFELD 示意图及等效电路

ACTFELD 的等效电路如图 7-16(b)所示，在上、下行、列电极间加以交流脉冲电压时，所加电压通过介质层电容 C_1 分压加到发光层电容 C_s 上。当发光层上的场强超过阈值场强〔约 $(2\sim3)\times10^6$ V/cm〕时，处于负极一边 I-S 界面的电子通过隧道效应进入导带，在强电场下很快加速。对橙黄色单色仪器件而言，当电子的能量达到 2.5eV 以上时，发光层里的发光中心 Mn^{2+} 被激发，在激发电子跃迁回基态时，器件就发射相应于发光中心特征能级的光。与此同时，高能电子还同时碰撞发光层基质的缺陷能级，使之雪崩电离，形成雪崩电流并在靠近阳极一边的 I-S 界面积累，产生空间电荷极化场。极化场的方向和外加电场方向相反，使发光过程迅速停止。当外加脉冲电压反向时，极化场的方向和外加场相同，上述过程又重新开始。ACTFELD 器件在脉冲电压激发下的发光波形如图 7-17 所示，这个过程和 PDP 的发光过程十分相似，只不过一个发生在气体内部，一个发生在固体内部而已。

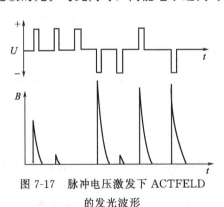

图 7-17　脉冲电压激发下 ACTFELD 的发光波形

彩色 TFELD 可以用三基色光的空间混合或宽谱"白色"光通过三基色滤波器的分光来实现。TFELD 的发光颜色由掺杂的发光中心的特征能级所决定，因此不难找到发红、绿、蓝三基色光的发光材料。但为了使发光的亮度和效率达到实用要求，必须考虑发光中心离子和基质材料阳离子尺寸匹配的问题，否则发光中心不能进入晶格的替位位置，晶场发生畸变，发光效率下降；同时还要求其拥有较大的碰撞激发截面和掺杂发光中心浓度，以获得高亮度。能同时满足这些要求的材料不多。

目前发光效率最高的 TFELD 三基色发光材料中，黄色发光材料是 ZnS：Mn，红色的有 CaS：Eu^{2+} 和加滤光片的 ZnS：Mn，绿色的则是 ZnS：Tb，蓝色的为 SrS：Ce、$SrGa_2S_4$：Ce 和 ZnS：Mn 等。其中红色和绿色发光材料的亮度已经过到实用的要求，但蓝色发光材料还有一定距离，主要原因是蓝光的能量较高、要求激发电子的能量较大，基质材料相应的平均自由程较长，而实现这些要求有一定难度。因此彩色 TFELD 离色彩质量方面仍需进一步提高，但是在一些工作条件恶劣及对体积有严格限制的场合已经得到了实际应用，如在美国航天飞机、美国的 M1A2 及英国的"挑战者"主战坦克上都经受了实战考验。

7.5.2　交流粉末电致发光显示材料

将发光材料粉末和介质材料混合，用丝网印刷等方法制作成数十微米厚的发光层，在两面加上电极，经良好的防潮密封就成为交流粉末电致发光板。这种器件可以做在玻璃基板上，也可以做在塑料基板上。厚度可以小于 1mm。所用的发光材料包括黄色发光的 ZnS：Cu、绿色发光的 ZnS：Cu，Al、橙红色发光的 （Zn，Cd）（S，Se）：Cu、蓝色发光的 ZnS：Cu 等。这种器件大都用作平面冷光源、LCD 的背光源、仪表盘照明、引示牌照明等，目前用作 LCD 背光源的器件亮度在 $100cd/m^2$ 以上，半亮度寿命在 3000h 左右。

7.5.3　发光二极管

发光二极管（light emitting diodes，简称 LED）（图 7-18）是一种低场型电致发光器件，它的工作机理是在Ⅲ-Ⅴ族或Ⅱ-Ⅵ族化合物的 PN 结上加上正向偏压，使势垒高度降低并产生少数载流子的注入；如 N 区电子会穿过 PN 结注入 P 区，而 P 区空穴则穿过 PN 结注入到 N 区；注入的少数载流子和该区的多数载流子复合，将多余的能量以光的形式辐射出来而发光（图 7-19）。LED 包括可见光、红外光和半导体激光器三种，但用于电子显示的仅限于可见光 LED。LED 具有工作电压低（2V 左右）、发光效率高（＞10lm/W）、响应速度快（1ns 量级）、寿命长（数十万小时）、可靠性高等特点，因而获得了广泛的应用。

图 7-18　LED 的基本结构

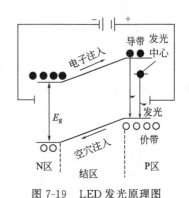

图 7-19　LED 发光原理图

常用的几种无机 LED 材料如表 7-7 所示。

有机电致发光显示技术，又称有机发光二极管（organic light emitting diode，简称 OLED）。它是利用电流驱动有机半导体薄膜发光的显示器件。其结构如图 7-20 所示。一般认为，有机物质的电致发光机理是：在外加电场驱动下，由电极注入的电子与空穴在有机物中复合而释放出能量，这些能量传递给有机发光物质的分子，使其从基态跃迁到激发态；当受激分子由激发态回到基态时，辐射跃迁而产生发光现象。有机电致发光过程大致通过五个

表 7-7　几种典型的 LED 特性

发 光 材 料	光色	波长/nm	法向光强/mcd	发 光 材 料	光色	波长/nm	法向光强/mcd
$Ga_{0.65}Al_{0.35}As$	红	660	500	GaP	绿	555	100
$Ga_{0.65}Al_{0.35}Al$	红	660	1100	InGaN	绿	525	6000
InGaAlP-GaAs	黄	590	3000	InGaN	蓝	450	2000
InGaAlP	黄绿	573	3400				

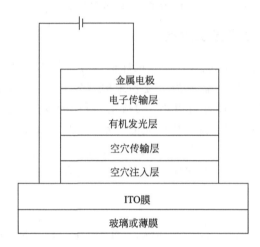

图 7-20　OLED 结构示意图

阶段完成。

① 载流子的注入：在外加电场的作用下，电子和空穴分别从阴极和阳极夹在电极之间的有机功能薄膜层。

② 载流子的迁移：注入的电子和空穴分别从电子传输层和空穴传输层向发光层迁移。

③ 载流子的复合：电子和空穴结合产生激子。

④ 激子的迁移：激子在电场作用下迁移，将能量传递给发光分子，并激发电子从基态跃迁到激发态。

⑤ 电致发光：激发态电子跃迁回到基态，通过辐射光子释放能量。

有机电致发光材料主要有金属有机配合物小分子和有机高分子聚合物两类。具有共轭结构的金属配合物或有机小分子化合物有 8-羟基喹啉铝（AlQ_3）、BeBQ、ZnPBO、ZnPBT 和 ZnNBT 等，其中性能最好、工艺最成熟、实用器件已商业化的是 AlQ_3。通过掺杂可以改变有机电致发光材料的发光颜色。高分子电致发光材料有聚苯亚乙烯基（PPV）、聚噻酚（PTh）、聚对亚苯基（PPP）和聚烷基芴（PAF）三大类。

常用的有机空穴传输材料有 N,N'-二苯基-N,N'-双（3-甲苯基)-1,1'-联苯-4,4'-二胺（TPD）、1,1-双[（二-4-甲苯胺）苯基] 环己烷(HTM2)、$N,N,N'N'$四（4-甲基苯基)-1,1'-联苯-4,4'-二胺(TTB) 和 N,N'-双（1-萘基)N,N'-二苯基-1,1-联苯-4,4'二胺（NPB）等。

有机电子传输层材料主要有 AlQ_3、Balq、双（10-羟基苯并喹诺啉）铍（$BeBQ_2$）、联苯-对叔丁基苯-1,3,4-噁二唑和 1,2,4-三氮唑（TAZ）等，其中 AlQ_3 使用最为广泛。

由于 OLED 具有自发光、轻薄、响应速度快、视角广、大屏幕显示、低压直流电驱动、工艺简单、成本低，还可实现柔性显示，因而被认为是极有发展前途的新一代平板显示器件。目前 OLED 已在汽车音响、移动电话、数码相机和 DVD 唱机等电子设备的显示中得到应用。

7.6　电子纸材料

千百年来，纸张一直是人类进行信息传播的重要媒介。纸张柔软、轻便、可折叠、携带方便，在电子信息显示设备风起云涌的今天，纸张仍是一种必不可少的信息传播途径。但纸张消费的增加受到环境保护的严重制约，因此开发一种与纸张特性相当的新型显示材料——电子纸，具有重要的社会和经济意义。一些技术性能比较参数详见表 7-8。

表 7-8　电子纸技术性能比较

性能指标	双稳态胆甾醇液晶	电子墨水	旋转球
反射率/%	20～40	约 40	20
分辨率/ppi	180	80～160	75～80
对比度	(20～30):1	(10～30):1	10:1
响应速度/ms	30～100	150	30
驱动电压/V	约 10	90	较低
灰度实现	电压调节	电压调节	通过可变倾斜电场控制旋转角度
稳定性	非常稳定	比较稳定	图像保留时间较短
技术成熟度	单色比较成熟	不太成熟	不太成熟
特点	成本较低、省电、图像存留时间长、容易实现灰度；难以制成软屏	无视角限制、易实现软屏、超薄；不易实现彩色化	可制成透射式或反射式、轻薄；技术难度大

电子纸是一种超薄、超轻的显示屏，可以像报纸一样被折叠卷起，内容可以反复更新。目前主流的电子纸技术主要包括电子墨水、双稳态胆甾醇液晶和反转球技术等几种。

电子墨水由数百万个尺寸极小的微胶囊构成，直径与头发丝相当。在每一个微胶囊中含有蓝色的液体和白色微粒子，通过外加电压使白色粒子产生电泳，从而显示由白色和蓝色形成的画面 [图 7-21(a)]。在白色粒子采用 TiO_2 微粒子，其带有电荷并稳定地分散在蓝色的绝缘性液体中。将此微胶囊以硅树脂作为黏合剂涂到带有 ITO 电极的塑料基片上，即构成了柔性的电子纸显示器。在使用时，如以离子流方式将负电荷画面施加于电子纸表面，白色粒子便移动到微胶囊的下部，因此画面便显示出蓝色图像。如果施加正电荷，白色粒子便移动到微胶囊的上部，表面则变成白色，图像即被消掉。电子纸中的白色和蓝色也可以替换成其他颜色。

反转球技术的基本原理是：将每半个球分别涂成白与黑的球形微粒子，通过电场控制其

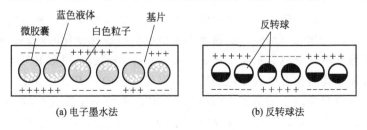

(a)电子墨水法　　　　　　　　(b)反转球法

图 7-21　电子纸显示原理

方向，由白和黑两种颜色显示出图像［图 7-21(b)］。用硅树脂作为黏合剂将双色粒子涂在基片上，在粒子的周围形成空穴，以特定的液体充电，粒子表面的白侧为负，黑侧为正，在两色之间呈现出不同的电荷而形成偶极子。若以负电荷图像加在这张纸板的表面，粒子便会旋转，使黑半球朝上，如果以正电荷加在纸板表面，白半球便朝上，因而可以显示图像。

双稳态胆甾醇液晶是目前已实现产品化的一种电子纸技术。胆甾醇液晶在无电场时取向是平行的，它通过适应液晶的螺旋间距来选择色光进行反射；在弱电场情况下成为焦圆锥取向，通过透光来维持其状态；如果外加强电场时，就又返回到平行取向。利用这个电场的变化，就可以控制显示和非显示。胆甾醇液晶具有双稳态特性，即断电后仍保持图像不变。

目前研发的各种电子纸技术的特点包括视角很大、靠反射环境光工作、底色呈纸张白、能在强阳光下舒服地阅读、掉电以后电子纸上的图像不会消失等，已经展现出迷人的魅力。随着电子纸技术的进一步成熟，这种新型显示技术将很快走进人们的生活。

7.7　其他平板显示技术

7.7.1　真空荧光显示

真空荧光显示（vacuum fluorescent display，简称 VFD）是利用氧化锌系列荧光粉在数十伏低能电子轰击下发光而制成的平板显示器件。VFD 的结构如图 7-22 所示，它是一个典型的真空三极管，由阴极、栅极和涂有荧光粉的阳极组成。对阳极图形电极进行选址，就可以显示不同的数字和图形。VFD 的阴极通常是直热式氧化物阴极细丝，它的栅极是金属网，对电子有较高的透过率，阳极是用厚膜技术印刷制作的多层结构，包括引线、绝缘层、阳极和荧光粉。

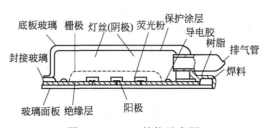

图 7-22　VFD 结构示意图

VFD 主动发光，有较高的发光亮度，工作温度范围宽（－40～80℃），寿命可达1万～5万小时，因而在汽车仪表和家用电子产品中有广泛应用。

7.7.2　电致变色显示

自然界中的一些物质在热、光、电的刺激下其颜色会发生变化。所谓电致变色是指在电的作用下，物质发生氧化还原反应，使物质的颜色发生可逆性变化的现象。利用这种现象制作的显示器件就称作电致变色显示器（electrochomeric display，简称 ECD）。

不少液态或固态物质都有电致变色功能，研究得较多的是 WO_3。WO_3 电解液是透明的液体，在电子注入时与溶液中阳离子 M 反应，生成蓝色的不定比化合物 M_xWO_3。这种反应与化学电池中的反应类似，开路时能保持其结构（即颜色），因此电致变色有良好的存储特性。ECD 的结构与 LCD 类似，把 WO_3 电解液密封在电极相互正交的两块玻璃基板中而成。ECD 也可制成固体化器件，但目前还处于实验阶段。

ECD 和 LCD 一样本身不发光，靠调制反射环境光工作。其对比度高、无视角问题、工作电压低，具有极好的存储性能，电路断开后显示内容可保持几天以上。但 ECD 的最大缺点是响应速度慢，达秒的量级，而且重复寿命不高，只有 $10^6 \sim 10^7$ 次，影响了其在显示领域的实际应用。

7.7.3　电泳显示

电泳是指悬浮在液体中的带电粒子在外电场作用下定向移动并附着在电极上的现象。如果带电粒子有一定颜色，就可利用电泳实现信息显示，即电泳显示（electrophoretic display，简称 EPD）。

EPD 的结构与 LCD、ECD 也很相视，在制作有电极的二块玻璃基板间密封一层厚约 $50\mu m$ 的胶质悬浮体，胶质悬浮体由悬浮液、色素微粒和稳定剂等组成。色素微粒由于吸附了液体中的杂质离子而带上了同号电荷，加上电场时微粒向一个电极移动，该电极就呈现色素粒子的颜色。一旦电场反向，粒子向反向移动，电极就变成悬溶液的颜色。即 EPD 中悬浮液颜色为背景色，微粒颜色就是字符颜色。

电泳显示也是一种被动型显示，功耗小，寿命较长。它的响应速度和所加电压有关，一般在几十至几百毫秒范围。它制作工艺简单、价格低廉，但电泳显示没有明显的阈位特性，必须和有开关特性的器件联用方能用于矩阵显示，而且它的微观工作过程比较复杂，需要进一步深入研究才能达到实用阶段。

第8章 信息处理材料

信息处理材料主要是指用于对电信号或光信号进行检波、倍频、混频、限幅、开关、放大等信号处理的器件的一类信息材料，主要包括微电子信息处理材料和光电子信息处理材料两大类。

微电子信息处理即对电子电路中的信息电流、电压等信号进行接收、发射、转换、放大、调制、解调、运算、分析等处理，以获取有用的信息。目前，以大规模集成电路为基础的电子计算机技术是信息处理的主要技术。按照所处理信号与时间关系的分类，集成电路信息处理系统又可分为处理模拟信号的模拟集成电路和处理数字信号的数字集成电路两类。

光电子信息处理包括光的发射、传输、调制、转换和探测等，而光电子信息处理材料则是基于光信号发射、传输、调制、转换和探测的集成光路材料。由于光的发射、传输和探测以及集成光路材料等已在前面几章作了介绍，本章则主要介绍应用于光的调制、转换的激光调制材料和非线性光学材料。

8.1 模拟集成电路材料

模拟集成电路是处理连续变化信号的集成电路，又称为线性集成电路。其基本单元电路主要有恒流源偏置电路、恒流源负载电路、电平移位电路、输出电路、差分放大电路等。

恒流源偏置电路用来将模拟集成电路中各晶体管偏置在合适的工作点上。最简单的恒流源偏置电路由相同的两个相邻的双极型晶体管（电流放大系数 β 足够大）与一个限流电阻构成。若晶体管 1 通过外部直流电源和该外接限流电阻建立起参考电流，即可在晶体管 2 得到恒定的工作电流。若用恒流源来代替电阻作负载，即可构成恒流源负载电路。用恒流源代替大负载电阻，既可获得足够大的输出电阻，又可使器件集成化。

电平移位电路是利用二极管的正向压降或反向击穿电压几乎恒定这一特点来降低直流电平，从而使多级放大器中经几级放大后的输出电位不会抬升到无法与下级耦合的程度。

常用的输出电路有射极跟随输出电路、推挽输出电路和互补输出电路等。

差分放大器是模拟集成电路最重要、最基本的单元电路。最基本的差分放大器由两个完全一样的供放大信号用的双极型晶体管、两个集电极负载电阻和一个串接在公共发射极上的电阻构成。若在两个基极输入端上各施加一个幅值相等、相位相反的信号，经放大后在两个集电极输出端即可分别获得两个幅值相等、相位相反的信号；反之，若在两个输入端加上两个大小相等、相位相同的信号，理想状态下差分放大器的输出为零。实际电路中则常用电流源代替公共发射极上的电阻。

常用的模拟集成电路也可分为线性和非线性两大类。线性模拟集成电路器件主要有运算放大器、直流放大器、低频、中频及高频放大器、功率放大器和线性集成稳压器等。它们一般都由若干上述基本单元电路的组合构成。例如，运算放大器通常由差分放大器输入级、恒流电路、电平移位电路和输出电路构成，采用双极、CMOS 和 BiCMOS 等工艺制作。当运算放大器外接电阻或电容时，根据连接方式的不同，即可对输入信号进行加、减、乘、除、微分、积分、比例等运算。

非线性模拟集成电路器件主要有信号发生用的函数发生器、信号转换用的电压/频率、频率/电压和频率变换器、信号调制与解调用的相位同步电路 PLL 和限幅检波放大器、信号控制用的压控振荡器和模拟开关以及信号处理用的对数放大器、电压比较器和模拟乘法器等。

以模拟开关为例，GaAs 超高速模拟开关最具代表性，主要用于导弹、雷达系统中的脉冲调制、多路开关及信号转换电路。模拟乘法器则是一种通用性极强的电路，其最基本的功能是具有乘法特性，输出电压和输入电压之间的关系是乘积关系。典型的乘法电路（又称为 Gilbert 电路）如图 8-1 所示。

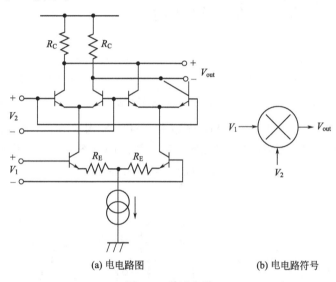

(a) 电电路图   (b) 电电路符号

图 8-1 乘法电路

若在乘法电路的两个输入端 V_1 和 V_2 输入同一个信号（$V_1\cos\omega t$），在乘法电路的输出端就能得到输入信号的 2 倍频率的信号。具有这种倍频作用的器件称为倍频器。若在乘法电路的两个输入端之一输入调幅波，在另一个输入端输入相同频率的非调制波，再用低通滤波器滤去乘法电路输出端输出信号中的高频部分，就可实现对调幅信号的解调，这种器件称为调制波（AM）解调器。若向乘法器输入的信号是两个频率相同但相位不同的信号，用低通滤波器滤去乘法电路输出端输出信号中的高频部分，则可得到与相位差的余弦成比例的电压，这种器件被称为相位比较器。

8.2 数字集成电路材料

数字集成电路处理的信号是诸如"0"和"1"的数字量，其支撑技术是计算机及其应用技术和超大规模集成技术。超大规模集成电路采用的是 CMOS 技术。CMOS 数字集成电路的基本电路是门电路。将各种门电路加以组合，可构成组合逻辑电路和时序逻辑电路。微处理器等大规模集成电路是在这些电路的基础上设计并制作出来的。

　　CMOS 的基本门电路包括倒相器（NOT）、与非门（NAND）或非门（NOR）等简单的门电路和能够进行复杂逻辑运算的组合门电路。

　　CMOS 集成电路是由 N 沟道的 MOS 晶体管和 P 沟道的 MOS 晶体管组合而成的，具有低功耗的特性。图 8-2 给出了 CMOS 倒相器的电路符号、电路图和开关表示图。若设 N 沟道 MOS 晶体管的栅极为 X，则该晶体管可看做是一个 X 为 "1" 时导通的开关；同理，P 沟道 MOS 晶体管可看做是一个 X 为 "0" 时导通的开关。当输入为 "1" 时，N 沟道 MOS 开关导通而 P 沟道 MOS 开关截止，输出端 Y 被下拉到地（GND）而为 "0"。而输入为 "0" 时，P 沟道 MOS 开关导通而 N 沟道 MOS 开关截止，输出端被上拉到电源端而为 "1"。即该电路具有 $Y=\overline{X}$ 的倒相器（NOT）功能。

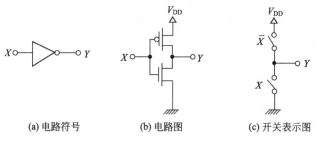

(a) 电路符号　　　　(b) 电路图　　　　(c) 开关表示图

图 8-2　CMOS 倒相器

　　具有两个输入端的与非门（NAND）电路中，两个 N 沟道 MOS 晶体管串接在输出和地之间，而两个 P 沟道 MOS 晶体管并联在输出和电源之间（图 8-3）。该电路的功能是，只有两个输入都为 "1" 时输出才为 "0"，其他情况下输出都为 "1"。

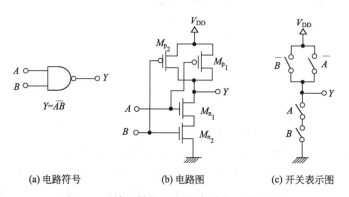

(a) 电路符号　　　　(b) 电路图　　　　(c) 开关表示图

图 8-3　两输入端的 CMOS 与非门（NAND）

　　具有两个输入端的或非门（NOR）电路中，两个 N 沟道 MOS 晶体管并联在输出和地之间，而两个 P 沟道 MOS 晶体管串接在输出和电源之间，如图 8-4 所示。

　　在 CMOS 电路里，"与非门"（NAND）、"或非门"（NOR）是一级逻辑门。若将 "非门"（NOT）分别接于 "与非门"（NAND）和 "或非门"（NOR）上，即可构成 "与门"（AND）和 "或门"（OR）等二级逻辑门。另一种 "异或门"（EXNOR）则可以用传输门和倒相器构成。将各种门电路加以组合，即可构成组合逻辑电路和时序逻辑电路，典型的组合逻辑电路有加法器、算术逻辑运算模块、译码器和编码器等。时序逻辑电路由组合电路和存储电路构成。具有存储功能的基本电路是双稳态电路。时序逻辑电路还可细分为非同步式和同步式、静态和动态等。

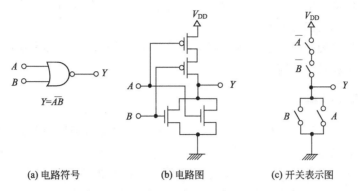

(a) 电路符号　　　　　　　　(b) 电路图　　　　　(c) 开关表示图

图 8-4　两输入端的 CMOS 或非门（NOR）

由组合逻辑电路和时序逻辑电路可构成计算机心脏部分的微处理器之类的大规模集成电路。微处理器具有实行命令的功能。即从存储器里读取程序、解读命令，然后在读取和传输数据的同时进行运算。

在模拟信号和数字信号之间，常常需要进行模/数和数/模转换。因此，几乎所有现代电子设备中都要使用到称为模/数（A/D）转换器和数/模（D/A）转换器的器件。人只能识别模拟信号，而数码电子设备处理数字信号，它们之间的桥梁就是 A/D 和 D/A 转换器。早期的高速 A/D、D/A 转换器是用双极型晶体管技术来实现的，现在则几乎都是使用 CMOS 技术来制造。

因此，虽然微电子信息处理集成电路种类繁多、结构复杂。但它们的基本构件不外乎是各种晶体管（包括双极型晶体管和 CMOS 晶体管）、二极管、电阻、电容等。重要的是，集成电路中的这些构件并不是分离元件，而是用 Si 平面工艺制作而高度集成化了的。为了降低制造成本，集成电路尽量使用占基片面积小的晶体管和占面积小的低阻元件，尽量不采用占面积大的高阻元件和电容器。例如，集成电路中的电阻元件是利用制作晶体管时采用的掩膜在同一道工序上制成的；电容元件则尽可能用晶体管 PN 结的结电容来代替；有些电极、布线是利用晶体管发射区的低电阻层制作的。因此，用来制作微电子信息处理集成电路的材料中最重要的是硅材料，包括：高纯硅晶片、P 型或 N 型掺杂硅材料、二氧化硅绝缘层材料等。其次是 GaAs、InP、Ge 等其他一些半导体材料。这些材料本身并不能处理信息。但用这些材料制成的以双极型晶体管、N 型 MOS 晶体管、P 型 MOS 晶体管、电阻、电容等薄膜器件为细胞的各种集成电路乃至微处理器能够对载有信息的电流、电压信号进行接收、发射、转换、放大、调制、解调、运算、分析等处理。因此微电子信息处理材料主要是指用于制作半导体集成电路的 Si、GaAs、InP、P 和其他一些半导体材料。

8.3　激光调制材料

激光具有频率高（可传递大容量的信息）、相干性好（便于调制）、方向性强且发散角小（传输距离远）和易于保密等优点，因而是光通信十分理想的一种光源。所谓激光的调制，是指将欲传递的信息加载于激光的过程。根据与激光器的关系，激光调制可分为内调制和外调制两大类。内调制是指将欲传输的信号直接加载于激光器，以改变激光的输出特性来实现调制；这种调制方法已在第 6 章中作了简单介绍。外调制是指在激光器谐振腔外的光路上放置调制器，将欲传输的信号加载于调制器上，当激光通过调制器时，激光的强度、相位和频率等发生变化而实现的信号调制。

激光外调制的物理基础是在电场、声场和磁场存在的情况下光和介质的相互作用，即电光效应、声光效应和磁光效应。

8.3.1 电光调制材料

在外加电场的作用下，晶体的折射率会发生变化，这种由于外加电场引起晶体的折射率变化的现象称为电光效应。

对于非磁性材料来说，相对光频介电常数等于折射率的平方，即 $\varepsilon(\omega)/\varepsilon_0 = n^2(\omega)$。因此，低频电场对于光频介电常数的贡献，表现为导致折射率的微小变化，即：

$$n - n^0 = aE_0 + bE_0^2 + \cdots \tag{8-1}$$

电光效应分为一次电光效应和二次电光效应。一次电光效应是指式(8-1)中等式右边的一次项引起的折射率变化，又称为线性电光效应或 Pockel 效应。二次电光效应是该级数展开式中二次项引起的折射率变化，又称为非线性电光效应或 Kerr 效应。一次电光效应只存在于不具有对称中心的部分晶体中（如压电晶体等），二次电光效应则存在于一切透明介质中。由于一次电光效应比二次电光效应显著得多，故采用压电晶体时利用的是其一次电光效应。立方晶系材料虽无一次电光效应，但它们的二次电光效应较大，故采用立方晶系材料时利用的是其二次电光效应。

电光效应可被用来对光的强度、位相等进行调制，这种调制可以利用电光开关来实现。

电光开关是一对正交偏光镜及置于其中纵向通光的电光晶体组成，如图 8-5 所示。在磷酸二氘钾（DKDP）晶体的通光面镀电极并施加电场，可以施加电压来调制光的透过。未加载电压时，由光源发出的光经起偏镜后变成一束偏振光，这束偏振光通过晶体时不发生振动方向的偏转，从而无法透过与起偏镜正交的检偏镜，电光开关呈关闭状态。而如在 DKDP 晶体上施加一个电压，由于电光效应使光的振动方向发生偏转，因而就有光的输出，则电光开关呈开启状态。在理想状态下，电光开关的开关频率可达每秒 10^{10} 次。如果在电光晶体中施加一交变调制信号电压，就可以通过电光开关将调制信号加载到激光上去，实现信息的加载。如果利用电光晶体进行光强度调制，称为电光强度调制器；而若是位相受到调制，则称为电光位相调制器。利用电光晶体还可实现激光束振动方向的偏转，这种器件称为电光偏转器。

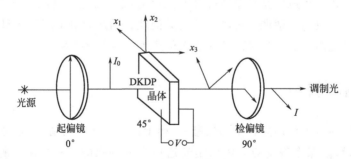

图 8-5　电光开关工作原理图

如将电光开关置于激光器腔内，即组成调 Q 激光器，这一电光开关即称为 Q 开关。通过对 Q 开关的调节可以控制激光脉冲的长短及能量，使激光器中一个极其重要的元件。

对电光调制材料的主要要求是折射率高、电光系数和介电常数大、半波电压和介电损耗小、光学均匀性和加工性能好、转换范围适当等。适于制作电光调制材料的晶体主要分为 KDP 型、ABO_3 型和 AB 型三类。

KDP 型电光晶体包括磷酸二氢钾（KDP）、磷酸二氘钾（DKDP）、磷酸二氢铵（ADP）、砷酸二氢钾（KDA）和砷酸二氢铷（RDA）等一次电光效应大的晶体，其中磷酸二氘钾的优点最为突出，主要表现在透光范围大、透过率高、半波电压较低等。KDP 型电光晶体的缺点是易潮解、居里温度低。

ABO_3 型电光晶体如铌酸锂（LN）、钽酸锂（LT）等具有一次电光效应较大、居里温度高、半波电压低和容易制作成大尺寸优质晶体等特点，但这类晶体的抗激光损伤能力较差。在 LN 基础上发展起来的铌酸钡钠、铌酸锶钡在保持 LN 的优点的同时，抗激光损伤能力有了很大的提高，其缺点是成分不易控制、制作较难。

AB 型化合物半导体电光晶体如氯化铜虽然电光系数较小，但其折射率较高、半波电压较低，而且透光范围宽，适于制作红外波段的电光器件。

有实用价值的二次电光效应晶体不多，其中钽铌酸钾（$KTa_{0.65}Nb_{0.35}O_3$，KTN）的居里温度接近室温，较有前途。

8.3.2 声光调制材料

当超声波在声光介质中传播时，会引起介质密度周期性的疏密变化，因此材料的折射率也发生相应的变化，其作用犹如一"位相光栅"，光栅的条纹间隔等于声波波长 λ。当光波通过此介质时，会被位相光栅所衍射，衍射光的强度、频率、方向等都随着超声场而变化，这种效应被称为声光效应，亦称弹光效应。

按照超声波频率的高低和声光作用长度的不同，声光衍射可分为布拉格（Bragg）衍射和拉曼-奈斯（Raman-Nath）衍射。

当超声频率较高、声光作用长度 L 较大、入射光与声波面成一定角度入射时，产生布拉格衍射。如图 8-6 所示，光波以 θ_B 角入射，又以同样的角度被衍射。其光波波长 λ、λ_s、θ_B 之间的关系符合布拉格衍射关系式：

$$\sin\theta_B = \frac{\lambda}{2\lambda_s} \tag{8-2}$$

当超声频率较低、声光作用长度 L 较小、光波垂直于超声波面入射时，则产生多级衍射，又称拉曼-奈斯衍射，各级衍射对称分布在 0 级值两侧，类似于平面光栅衍射，如图 8-7 所示。

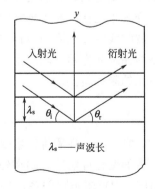

图 8-6 声波与光波相互作用的布拉格衍射

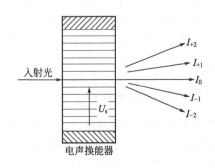

图 8-7 声波与光波相互作用的拉曼-奈斯衍射

声光调制器通常由声光介质、电-声换能器、吸声装置及驱动电源等部分组成。声光介质是能产生声光效应的材料，从超声换能器发出的超声波，在声光介质中建立起超声场，形成"位相光栅"，当光波射入介质中时，因声光效应而产生衍射。

超声换能器是利用某些压电材料（如石英、铌酸锂晶体等）的反压电效应，在外加电场作用下产生机械振动而形成超声波，它起着将调制电信号转换成声信号的作用。利用施加调制信号电压驱动超声换能器，所产生的调制声信号可控制声光材料产生不同的声光效应，从而实现调制入射激光的目的。

对声光调制材料的主要要求是弹性系数、折射率和透光范围大，声速、密度和超声衰减小，光学均匀性和化学稳定性好等。主要分为玻璃和晶体两类。玻璃类主要是碲玻璃、铅玻璃和石英玻璃等。晶体类主要有 TeO_2、$PbMoO_4$、$PbBr_2$、$LiNbO_3$、卤化汞晶体以及 GaP、GaAs 单晶等。晶体材料主要用来制作性能要求较高的器件。

8.3.3　磁光调制材料

磁光调制利用的是磁光效应，磁光效应是指通过外加磁场对某些磁光材料的控制改变光的传播特性的现象。磁光效应主要分为两种：法拉第磁光效应和克尔磁光效应。

在强磁场作用下，线偏振光通过一些磁性介质时，透射光的偏振面发生旋转的现象称为磁致旋光效应，亦称法拉第磁光效应；发生磁致旋光效应的原因是物质内部原子或分子中的电子在强磁场作用下引起旋进式运动所致。而在强磁场作用下，当线偏振光在磁性介质表面反射时，反射光的偏振面发生旋转的现象称为克尔磁光效应。法拉第磁光效应是最重要的磁光效应，线偏振光的旋转角度与外加磁场强度成正比。利用它可实现与电光偏振调制类似的调制效果。

对磁光调制材料的主要要求是磁光效应大和对光的吸收损耗小。石榴石类晶体 $Y_3Fe_5O_{12}$（YIG）和 Ga：YIG 都是在红外波段透明的优质法拉第旋转型磁光调制材料；$FeBO_3$ 晶体和 EuF_2 晶体适用于可见光波段的磁光调制；InSb、$CdCr_2S_4$ 等则用于远红外波段（$10.6\mu m$）。

8.4　非线性光学材料

激光出现之前的光学是研究弱光束在介质中的传播规律的科学。在光的透射、反射、折射、干涉、衍射、散射和吸收等现象中，光波的频率是不发生变化的，并满足波的线性叠加原理，这类光学现象称为线性光学现象。然而，当激光这样的强光在介质中传播时，出现了诸如倍频、混频、自聚焦、光学双稳态等许多新的现象，波的线性叠加原理不再成立，这类强光光学效应称为非线性光学效应。非线性光学材料就是指在强光作用下能产生非线性光学效应的一类光学介质，而利用非线性光学材料则可实现激光的频率转换。

8.4.1　非线性光学效应

当物体受某种外界因素（力、光、电、声等）作用时，它的某一性质将发生变化。若把引起物体某一性质变化的外界因素称为外场，某一性质发生的变化称响应，则在外场与响应之间存在两种不同的效应。第一种效应为外场（E）与响应（P）成正比关系，即 $P=KE$，其中 K 为比例常数，这种效应称为线性效应。第二种效应为外场（E）与响应（P）不成简单正比关系，即 $P = K_1E + K_2E^2 + \cdots + K_nE^n$，式中 K_1、K_2、$\cdots$、K_n 等为比例常数，这种效应则称为非线性效应。

众所周知，物质是由分子所构成的，其种类包括极性分子和非极性分子两类。在外电场作用下，非极性分子中核与电子产生相对位移，分子发生形变，正负电荷中心不再重合，即产生极化现象。而极性分子在外电场作用下，按外电场的方向取一定的方向，即为取向，同时分子的极化程度也会发生变化。

光是一种频率很高（$10^{14} \sim 10^{15}\,\mathrm{Hz}$）的电磁波，当它进入透明介质时，介质的原子（或分子）在光波场作用下也会产生极化。由于光波场是交变电磁场，所以原子（或分子）的极化也是交变的，且极化的频率与外加光波电场相同。这种交变的极化形成了一种极化波，极化波反映了电偶极子电矩的周期性变化。电磁理论指出，只要存在电荷的加速运动就会辐射出电磁波。而电偶极子的周期性振荡是加速度不为零的简谐运动，它将发射出电磁波，即光通过介质时，在光波电场的作用下，介质吸收了光波能量后形成了极化波，这种极化波又会放出与光波频率相同的次级电磁波，次级电磁波的产生就是物质对入射光波的反作用。

物质在弱光电场（强度比原子核与电子之间的电场弱得多）作用下，只能产生线性极化，由振荡偶极子产生与光波电场频率相同的极化波，从而辐射同频率的次级电磁波。即：

$$P = \chi E \tag{8-3}$$

式中，P 为极化强度；E 为光电场强度；χ 为介质的线性极化率。

而物质在很强的光波作用下（强度可与原子核和电子之间的电场相比拟时），不但产生线性极化，而且还会产生非线性极化效应。即：

$$P = \chi^{(1)}E + \chi^{(2)}E^2 + \chi^{(3)}E^3 + \cdots \tag{8-4}$$

式中，$\chi^{(1)}$ 为一阶或线性极化率；$\chi^{(2)}$ 为二阶非线性极化率；$\chi^{(3)}$ 为三阶非线性极化率。

一般光源的光电场强度较小，只需考虑式(8-4)中右边的一次项，而略去高阶项，此时反应的就是线性光学现象，如光的折射、反射、衍射等。当用激光作光源时，由于激光的强度较普通光的强度大几个数量级，因此式(8-4)中第二、三项等高阶非线性项就可产生重要作用，分别可以观察到二阶和三阶等非线性光学效应。

在非线性光学效应中，二阶非线性光学效应最为显著，应用也最为广泛。由它引起的非线性光学效应有光的倍频、和频与差频、光学参量放大和参量振荡等效应。当用频率分别为 ω_1 和 ω_2 的两束光在非线性光学材料内发生耦合作用时，会产生谐波 ω_3，且 $\omega_3 = \omega_1 + \omega_2$，即产生光的和频现象；如果 $\omega_1 = \omega_2$，则 $\omega_3 = 2\omega_1$，即产生光的倍频现象。如果谐波频率 $\omega_3 = \omega_1 - \omega_2$，即产生光的差频现象。光的和频与差频统称为混频。当 $\omega_3 = \omega_1 - \omega_2 = 0$ 时，激光通过晶体产生直流电极化称为光整流。光学材料的二阶非线性极化率越大，则其二阶非线性光学效应越明显。对于用作激光倍频器件的非线性光学晶体来说，除了必须具备较大的非线性极化率外，还必须能够实现相位匹配。相位匹配的物理实质是指基频光与倍频光的传播速度相同，基频光在晶体沿途各点激发的倍频光的出射方向传播到出射面时有相同的位相，因而相互加强而得到较好的倍频效果。相位匹配的方法有两种，一种为角度相位匹配，另一种为温度相位匹配。在实际应用中，大多采用角度相位匹配方法来实现相位匹配。晶体倍频效应的相位匹配条件是倍频光的折射率 $n(2\omega)$ 与基频光折射率 $n(\omega)$ 相等。角度相位匹配的方法是控制激光束在晶体中某一特定方向 (φ, θ) 上传播，使在该方向上满足 $n_2(2\omega) = n_1(\omega)$。当一束频率为 ω_p 的强泵浦光射入非线性光学晶体时，若在晶体中再加入较低频率（ω_s）的弱信号光，因差频效应会在晶体中产生频率为 $\omega_i = \omega_p - \omega_s$ 的谐波，它又会与泵浦光混频，产生频率为 $\omega_s = \omega_p - \omega_i$ 的谐波；如谐波 ω_s 与信号波 ω_s 之间能满足相位匹配条件，则原来的弱信号光 ω_s 的强度得到放大，即光参量放大。

三阶非线性效应则会引起光的三倍频效应和四波混频效应。当三种光波相互作用时，会出现第四种频率 ω_4 的极化波，其频率 $\omega_4 = \omega_1 + \omega_2 + \omega_3$，即产生四波混频现象。如果基频波 $\omega_1 = \omega_2 = \omega_3 = \omega$，则 $\omega_4 = \omega_1 + \omega_2 + \omega_3 = 3\omega$，即产生三倍频效应，所辐射出的光波称为三次谐波。此外，三阶非线性光学效应还可产生光学混频（即和频和差频）、自聚焦、自散焦、光学双稳态以及双光子吸收和相干拉曼效应等。

8.4.2 非线性光学材料

如按非线性光学效应来分，非线性光学材料可分为二阶非线性光学材料和三阶非线性光学材料。而如果按照材料种类来分，又可分为非线性光学晶体和非线性光学玻璃。

非线性光学晶体是一种重要的非线性光学材料，是激光技术、光通信技术与信息处理技术等领域中不可缺少的材料。实用的非线性光学晶体应具有一定的性能要求，即：晶体的非线性光学系数要大、能够实现相位匹配、透光波段宽且透明度高、具有较高的抗光损伤阈值和光转换效率，晶体的物化性能稳定、硬度大、不潮解，可生长光学质量均匀的大尺寸的晶体，易加工、价格低廉等。相关的性能参数见表 8-1。

表 8-1　常见非线性光学晶体的性能参数

名　　称	化学式	透光波段 /μm	折射率 N_o，N_e（N_g，N_m，N_p）	非线性光学系数 /(10^{-12} m/V)
磷酸二氢钾（KDP）	KH_2PO_4	0.177～1.7	1.496，1.46	0.47（1.06 μm）
磷酸二氢铵（ADP）	$NH_4H_2PO_4$	0.184～1.5	1.507，1.468	0.76（1.06 μm）
砷酸二氢铯（CDA）	CsH_2AsO_4	0.27～1.66	1.554，1.532	0.40（1.06 μm）
磷酸钛氧钾（KTP）	$KTiOPO_4$	0.35～4.5	1.829，1.746，1.739	65（d_{31}），13.7（d_{33}）
铌酸锂（LN）	$LiNbO_3$	0.4～5.0	2.292，2.188	2.76（1.06 μm）
偏硼酸钡（BBO）	$\beta\text{-}BaB_2O_4$	0.198～2.6	1.655，1.542	0.12

常用的非线性光学晶体有磷酸二氢钾、磷酸钛氧钾、偏硼酸钡、铌酸锂、铌酸钡钠等。

人工生长的磷酸二氢钾（KDP）晶体具有较大的非线性光学系数和较高的抗激光损伤阈值，从近红外到紫外波段都有很高的透过率，可对 1.06 μm 激光实现二倍频、三倍频和四倍频，也可对染料激光实现二倍频。另外，KDP 晶体也是一种性能较好的电光材料，它在电光调制、电光 Q 开关的应用中也起着重要作用。

磷酸钛氧钾（KTP）晶体具有非常大的非线性光学系数（约为 KDP 晶体的 5～20 倍），在室温下能够实现相位匹配，对温度和角度变化不敏感。KTP 晶体在 0.35～4.5 μm 波段内透光性能良好，力学性能优良，化学性质稳定、不潮解，耐温高，并能长出较大尺寸的光学均匀性优良的单晶。它主要用于 YAG 激光器的腔内、腔外倍频，以获得高功率的绿色激光光源，在国防、科研、医疗等方面得到广泛的应用。此外还可用于光参量振荡、光混频以及用于制作光波导器件等。

铌酸锂（LN）晶体是一种重要的多功能晶体，它具有较大的非线性光学系数，而且能够实现非临界相位匹配，主要用于制作激光倍频器件、光参量振荡器和集成光学元件等。

在非线性光学材料中，一些有机晶体也展现出优良的非线性光学性能。由于有机分子种类繁多、分子特性强、采用溶液法生长比较容易获得优质单晶，同时有机分子共价键的高度方向性也有利于获得优良的非线性光学性能。因而经过多年的研究探索，已经制得一批具有实用价值的有机非线性光学晶体，常见的有甲酸盐类（一水甲酸锂、一水甲酸锂钠、甲酸钠、甲酸锶、二水甲酸锶等）、酰胺类（尿素、马尿酸、5-硝基吡啶脲等）、苯基衍生物（间二硝基苯、间硝基胺苯、间甲苯二胺、2,4-二硝基苯氨基苯酸甲酯、2-氯-4-硝基苯胺、2-溴-4-硝基苯胺等）。一水甲酸锂单晶具有良好的双折射性能，可以制成各种偏振光学元件，同时其非线性光学系数较大，在最佳相位匹配的条件下，其倍频光输出功率比 KDP 晶体大 20倍；2,4-二硝基苯氨基苯酸甲酯的品质因素为铌酸锂晶体的 15 倍，展现出诱人的应用潜力。当然，有机晶体也存在其固有的缺点，它们的熔点较低，热稳定性、力学性能和抗潮解性能都较差，限制了它们的实际应用。

强激光同玻璃相互作用会产生三种效应：热效应、电致伸缩效应和非线性极化效应。热效应是指玻璃材料吸收激光能量后会产生一个温度场，导致介质的密度和极化率发生变化而产生的非线性光学效应。电致伸缩效应是在高频电场或强激光作用下，由布里渊散射产生电致伸缩，从而引起介质密度和光学非线性的变化。非线性极化效应则是指在强电场作用下，因玻璃介质中离子的非线性极化、核外电子轨道的非线性畸变而引起的介质极化率的变化。对于不同脉冲宽度的激光来说，在玻璃中产生的非线性效应的种类并不相同，而这些非线性效应的响应时间也各不相同，如表 8-2 所示。

表 8-2　玻璃介质中各种非线性效应的响应时间

种　　类	响 应 时 间/s
热效应	$10^{-7} \sim 10^{-6}$
电致伸缩效应	$10^{-8} \sim 10^{-7}$
非线性极化效应	$10^{-15} \sim 10^{-12}$

对于激光脉冲大于微秒量级、如自由振荡的激光，热效应是折射率变化的主要原因。当激光脉冲短至几个微秒，上述三种效应都会对非线性折射率有贡献；在这三种效应中，有人认为电致伸缩效应比其他两种效应作用要小，也有人认为电致伸缩应起主要作用。当激光脉冲达到纳秒或亚纳秒量级时，折射率的变化主要由非线性极化引起，而热效应和电致伸缩因时间太长而可以忽略。

玻璃态物质因各向同性而具有反演对称中心。而具有反演对称中心的介质一般偶阶非线性电极化率为零，即在理论上，是不会产生二阶非线性光学效应的。但 20 世纪 80 年代以后，利用电场/温度场极化法、激光诱导法、电子束辐射法等方法，也在玻璃中获得了激光诱导下的二次谐波效应。这些方法都是通过促使玻璃介质内产生局部诱导极化，破坏玻璃的反演对称性而使玻璃中出现二阶非线性光学效应。与此同时，玻璃中的三阶非线性光学效应则相对比较明显。目前常见的非线性光学玻璃材料主要有硅酸盐玻璃、硼酸盐玻璃、磷酸盐玻璃、硫化物玻璃、重金属氧化物玻璃以及半导体或其他粒子掺杂玻璃等。

传统的硅酸盐、硼酸盐、磷酸盐玻璃的三阶非线性光学系数都很小，与非线性光学晶相比其实用价值很小。但近年来，通过电场、激光诱导等方法在石英玻璃等介质中产生诱导极化，获得了一定的二阶非线性极化效应，开拓了其在非线性光学领域的应用可能。

硫系玻璃一般具有很大的非线性光学性能，如组成为 $As_{40}Se_{60}$、$As_{18}S_{41}Se_{41}$ 的玻璃三阶非线性折射率分别为石英玻璃的 295 倍和 406 倍。但硫化物玻璃的非线性光学响应时间较长、光学损耗太高，热稳定性也很差。大部分硫系玻璃的透光范围主要集中在 $2 \sim 20\mu m$ 处，而通信领域主要使用 $1.31\mu m$ 和 $1.55\mu m$ 两个窗口处的频率作为通信信道，使得硫系玻璃作为导波光学材料只能局限在红外窗口范围，这就限制了它的实际应用。

不同于传统氧化物玻璃，重金属氧化物玻璃中不含或不以 SiO_2、P_2O_5、B_2O_3、GeO_2 等传统氧化物构成其主体结构，而以 PbO、Bi_2O_3、TeO_2 等组成玻璃的结构网络。这类玻璃具有高密度、高折射率、宽红外透过窗口等性能特征。普通硅酸盐玻璃的非线性光学效应主要受阴离子极化的影响，网络形成和中间离子的作用可忽略，因而玻璃的非线性光学性能由主要由键极化来决定。而在重金属氧化物玻璃中，受易极化的重金属离子则对非线性光学效应起主导作用，从而产生独特的非线性响应机理。

目前常见的重金属氧化物系统非线性光学玻璃主要包括三大类：含 Ti^{4+}、V^{5+}、Cr^{6+}、Mo^{6+}、W^{6+}、Nb^{5+}、Ta^{5+} 等具有空 d 轨道离子的过渡金属氧化物玻璃（如 Nb_2O_5-TiO_2-Na_2O-SiO_2 玻璃）、含 Pb^{2+}、Bi^{3+}、Tl^+、Ga^{3+} 等离子的主族重金属氧化物玻璃（如美国康宁公司的 Bi_2O_3-PbO-Ga_2O_3 玻璃的三阶非线性折射率可达石英玻璃的 45 倍）以及以 TeO_2 为主体的碲酸盐系统玻璃等。碲酸盐玻璃光学透过性能及化学稳定性较好，制备工艺简单，含孤对电子和空 d^0 轨道的 Te^{4+} 同时拥有很大的极化率，表现出优良的非线性光学性能，三阶非线性折射率可达石英玻璃的 130 余倍，应用潜力巨大。

与非线性光学晶体相比，玻璃材料的非线性光学性能较差，但在光学透过性能、非线性光学响应速度等方面明显占优，且制作成本低廉，因而仍引起人们的广泛重视。为了进一步提高玻璃材料的非线性光学品质，目前往往采用玻璃材料与晶体、有机高分子物质复合的手段，如在玻璃中引入 Au、Ag、CdS_xSe_{1-x}、ZnS 等金属和半导体纳米晶体、孔雀绿、荧光素等有机染料分子，可以指数级提高材料的非线性光学性能。

8.4.3 非线性光学材料的应用

非线性光学效应及其材料在现代光电子技术中日益受到重视，利用光的倍频、混频、光参量振荡、光参量放大、光学双稳态等效应，在激光核聚变系统、上转换发光、超高速全光开关、新型激光器和通信光纤等领域均拥有广泛的应用前景。

蓝绿光波段激光在许多领域有着广泛的应用价值，例如高密度的数据存储、海底通信、大屏幕显示、检测及激光医疗等。在光盘存储中，目前采用的最为成熟的技术是 GaAs 基红色半导体激光器。由于光盘存储的信息量是读写激光波长倒数的平方的函数，若用短波长的蓝绿色激光器替代红色读写激光头，则可将现有的光盘容量提高约 4 倍。对固体激光器来说，获得短波长的蓝绿光激光的手段主要是倍频、上转换及半导体激光等技术，其中倍频和上转换技术就是利用非线性光学效应而进行的激光频率转换技术。

1961 年，Franken 等利用石英晶体将 694.3nm 的红宝石激光转换成 347.2nm 的倍频光，开创了非线性光学研究的新领域。早期的倍频非线性光学晶体有 KDP、ADP 和 $LiNbO_3$ 等，20 世纪 80 年代中期，我国利用 KTP（$KTiOPO_4$）晶体实现了 Nb：YAG 激光的倍频输出，其激光输出功率达到 38W 的水平。此后 BBO（β-BaB_2O_4）、LBO（包括 LiB_3O_5 和 $Li_2B_4O_7$）、CBO（CsB_3O_5）、CLBO（$CsLiB_6O_{10}$）等倍频晶体相继问世，利用 $Li_2B_4O_7$、CLBO 晶体，已经获得了四倍频、五倍频的激光输出。

频率上转换是由一个低频（ω_1）光信号与一个频率为 ω_2 的泵浦激光在非线性光学晶体内混频后产生频率为 ω_3（$\omega_3 = \omega_1 + \omega_2$）的高频辐射的一种变频技术。上转换激光即利用低频激光泵浦下，产生从紫外到红外波段内若干个波段的高频激光，且在一定的波长范围内可调谐，是研制短波长蓝绿激光的另一重要手段。激光上转换主要通过非线性光学晶体中的稀土离子来实现，稀土离子的上转换发光机制有激发态吸收、能量转移和"光子雪崩"过程等几种。

　　激发态吸收过程（excited state absorption，简称 ESA）是同一个离子从基态能级通过连续的多光子吸收到达能量较高的激发态能级的一个过程，这是上转换发光的最基本过程。发光中心处于基态能级 E_1 上的离子吸收一个能量为 Φ_1 的光子跃迁至中间亚稳态 E_2 能级，如果光子的振动能量正好与 E_2 能级和更高激发态能级 E_3 的能量间隔匹配，则 E_2 能级上的该离子通过吸收该光子能量而跃迁至 E_3 能级形成双光子吸收；如果满足能量匹配的要求，E_3 能级上的该离子还有可能向更高的激发态能级跃迁而形成三光子、四光子吸收，依此类推。只要该高能级上粒子数足够多，形成粒子数反转，就可实现较高频率的激光发射，出现上转换发光（图 8-8）。ESA 过程为单个离子的吸收，不依赖于材料中稀土离子的浓度。

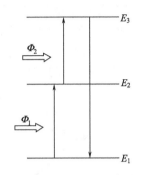

图 8-8　ESA 过程示意图

　　能量转移（energy transfer，简称 ET）包括连续能量转移［successive energy transfer，简称 SET，图 8-9（a）］、交叉弛豫［cross relaxation，简称 CR，图 8-9（b）］和合作上转换［cooperative upconversion，简称 CU，图 8-9（c）］等几种形式。SET 为处于激发态的一种离子（施主离子）与处于基态的另一种离子（受主离子）满足能量匹配的要求而发生相互作用，施主离子将能量传递给受主离子而使其跃迁至激发态能级，本身则通过无辐射弛豫的方式返回基态。位于激发态能级上的受主离子还可能第二次能量转移而跃迁至更高的激发态能级。CR 是同时位于激发态上的两种离子，其中一个离子将能量传递给另一个离子使其跃迁至更高能级，而本身则通过无辐射弛豫至能量更

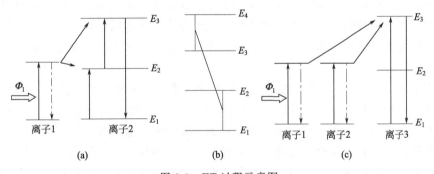

图 8-9　ET 过程示意图

低的能级。CU 则是首先同时处于激发态的两个离子将能量同时传递给一个位于基态能级的

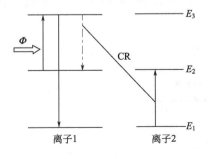

图 8-10　PA 过程示意图

离子使其跃迁至更高的激发态能级，而另外两个离子则通过无辐射弛豫返回基态。ET 为稀土离子之间的相互作用，因此强烈依赖于稀土离子的浓度。

　　"光子雪崩"过程（photon avalanche，简称 PA）是 ESA 和 ET 相结合的过程。其原理为泵浦光能量对应离子的 E_2 和 E_3 能级，E_2 能级上的一个离子吸收该能量后被激发到 E_3 能级，E_3 能级与 E_1 能级发生 CR 过程，离子都被积累到 E_2 能级上，使得 E_2 能级上的粒

子数像雪崩一样增加（图 8-10）。PA 过程取决于激发态上的粒子数积累，因此在稀土离子掺杂浓度足够高时，才会发生明显的 PA 过程。

Er^{3+} 是目前研究最为广泛的稀土发光离子之一，在不同的泵浦条件下，其上转换发光方式有所不同。如利用 980nm 激光泵浦 Er^{3+} 掺杂碲酸盐玻璃时，分别可获得波长为 531nm、553nm 和 670nm 的上转换荧光。

在光纤通信系统中，需要利用光开关来控制信息的传输。目前常用的光开关包括微机械开关、电光开关等，这些光开关的开关速度一般在微秒至纳秒级。而利用材料的非线性光学效应制作的新型全光开关，采用全光路控制的手段，开关速度可达皮秒至飞秒级（$10^{-15} \sim 10^{-12}$s），将大大提升通信网络的信息传输速度。目前正在研究的全光开关器件包括非线性光学环路镜和 M-Z 型光开关等。

非线性光学环路镜（nolinear optical loop mirror，简称 NOLM）实际上是一种在光纤环形光路中含有非线性光学介质的 Sagnac 干涉装置，其中的非线性光学介质可以是一段光纤，也可以是一只半导体光放大器（SOA）或其他非线性光波导。NOLM 的结构很简单，只需将一只单模光纤光耦合器的两个输出端口焊接起来（图 8-11）。当信号光 1 从 NOLM 一端输入，被耦合器等分为对称的、传输方向相反的两路 3 和 4，如 NOLM 中不存在非线性相互作用，光学环路中的 3 和 4 两路光因处于相互干涉状态而无探测信

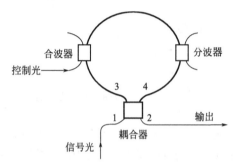

图 8-11　NOLM 光开关原理图

号输出。此时如另有一控制光通过合波器进入光学环路并沿顺时针传输，后经分波器由环路射出。当控制光沿顺时针传输时，由于光纤的非线性作用，它与同向传输且在时域上重叠的信号光发生交叉相位调制，调制的结果是使得在环路中反向传输的两束信号光 3 和 4 存在了相位差，它们在耦合器中干涉后即会有信号光输出，这样就可通过控制光来实现对信号光的开关作用。

Mach-Zehnder 型（M-Z 型）光开关由两个耦合器、一个波分复用器、一个解复用器和两个臂组成，其结构如图 8-12 所示。信号光经耦合器 1 后被分成两束，分别在调制臂和参考臂中传输。另一波长或另一偏振方向的控制光经波分复用器耦合进调制臂后与信号光发生交叉相位调制，使其相位发生了变化。之后控制光经过解复用器 2 被耦合出 M-Z 型光开关，而调制臂中的信号光仍向前传输直至耦合器 2 并与由参考臂传输来的信号光相干涉，产生输出的信号光。输出的信号光的幅度取决于两个参考臂信号光的相位差，而该相位差与控制光的光强有关，对于参数一定的 M-Z 型光管开关，可以通过调节控制光的强度从而实现控制光对信号光的开关作用。

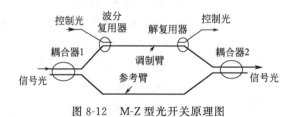

图 8-12　M-Z 型光开关原理图

参 考 文 献

1 姜复松. 信息材料. 北京：化学工业出版社，2003

2 干福熹主编. 信息材料. 天津：天津大学出版社，2000

3 梅遂生，杨家德. 光电子技术——信息装备的新秀. 北京：国防工业出版社，1999

4 万群，钟俊辉. 电子信息材料. 北京：冶金工业出版社，1990

5 御子柴宣夫等编. 电子材料. 袁健畴译，崔庆宽校. 北京：电子工业出版社，1988

6 孙钟秀. 电子信息技术. 南京：江苏科学技术出版社，1992

7 张兴，黄如，刘晓彦. 微电子学概论. 北京：北京大学出版社，2000

8 朱京平. 光电子技术基础. 北京：科学出版社，2003

9 杨钧锡，杨立忠，周碧松. 信息技术——跨世纪高技术发展的先导. 北京：中国科学技术出版社，1994

10 陈治明，王建农. 半导体器件的材料物理学基础. 北京：科学出版社，1999

11 贾新章，郝跃，微电子技术概论. 北京：国防工业出版社，1995

12 沈能珏，孙同年，余声明等. 现代电子材料技术——信息装备的基石. 北京：国防工业出版社，2000

13 毕克允，林金庭，梁春广等. 微电子技术——信息装备的精灵. 北京：国防工业出版社，2000

14 贾德昌. 电子材料. 哈尔滨：哈尔滨工业大学出版社，2000

15 Richard S. Muller. Theodore I. Kamins. Device Electronics for Integrated Circuits，Third Edition. John Wiley & Sons，2002

16 Rainer Waser. Nanoelectronics and Information Technology，Second Edition. Wiley-VCH. 2005

17 滨川圭弘，西野种夫编. 光电子学. 于光涛译. 北京：科学出版社，2002

18 梅野正义编. 电子器件. 邵春林，王钢译. 北京：科学出版社，2001

19 小林功郎著. 光集成器件. 北京：科学出版社，2002

20 荒井英辅编. 集成电路 A. 邵春林，蔡凤鸣译. 北京：科学出版社，2000

21 干福熹，邓佩珍. 激光材料. 上海：上海科学技术出版社，1996

22 何勇，王生泽. 光电传感器及其应用. 北京：化学工业出版社，2004

23 刘笃仁，韩保君. 传感器原理及应用技术. 西安：西安电子科技大学出版社，2003

24 徐同举. 新型传感器基础. 北京：机械工业出版社，1987

25 黄贤武，郑筱霞. 传感器原理与应用. 成都：电子科技大学出版社，1999

26 森树正直，山崎弘郎. 传感器技术. 北京：科学出版社，1988

27 高向阳. 新编仪器分析（第二版）. 北京：科学出版社，2004

28 李昭智. 数据通信与计算机网络. 北京：电子工业出版社，2002

29 赵仲刚，杜柏林，逢永秀等. 光纤通信与光纤传感. 上海：上海科学技术文献出版社，1993

30 张旭苹. 信息存储技术. 北京：电子工业出版社，2001

31 刘文伯，董承举. 数字磁记录介质. 北京：科学出版社，1987

32 白金骡. 光盘应用基础. 北京：电子工业出版社，1999

33 干福熹. 数字光盘和光存储材料. 上海：上海科学技术出版社，1992

34 干福熹. 数字光盘存储技术. 北京：科学出版社，1998

35 贡长生，张克立. 新型功能材料. 北京：化学工业出版社，2001

36 吴平，严映律. 光纤与光缆技术. 成都：西南交通大学出版社，2003

37 原荣. 光纤通信网络. 北京：电子工业出版社，1999

38 孙学康，张金菊. 光纤通信技术. 北京：北京邮电大学出版社，2001

39 杨同友，梁邦湘. 光纤通信技术. 北京：人民邮电出版社，1995

40 孙龙杰，刘立康. 张麟兮审. 移动通信与终端设备. 北京：电子工业出版社，2003

41 彭国贤. 显示技术与显示器件. 北京：人民邮电出版社，1981

42 山崎映一主编. 发光型显示（上）. 马杰译. 北京：科学出版社，2003

43 刘榴娣，常本康，党长民. 显示技术. 北京：北京理工大学出版社，1993

44 应根裕，胡文波，邱永等编. 平板显示技术. 北京：人民邮电出版社，2002

45 杨永才，何国兴，马军山编. 光电信息技术. 上海：东华大学出版社，2002

46 黄德群，单振国，干福熹. 新型光学材料. 北京：科学出版社，1991

47 马如璋，蒋民华，徐祖雄. 功能材料学概论. 北京：冶金工业出版社，1999